道路建設とステークホルダー
合意形成の記録

四日市港臨港道路霞4号幹線の事例より

林 良嗣／桒原 淳 著

明石書店

はじめに

1990年代後半には、伊勢湾の藤前干潟、東京湾の三番瀬の埋め立て計画に対して、希少な干潟の生態系保全を求める反対運動が起こり、計画が中止となった。こうした時代に、四日市港臨港道路霞４号幹線プロジェクトは、港の北部に位置する霞ヶ浦ふ頭におけるコンテナターミナルの増強に対応するため、四日市港港湾計画により既設の霞大橋ルートに対する代替ルートとして計画された。埠頭の北端から短径間を繋ぐ橋梁の数本の桁が高松干潟に脚を下ろす設計となっており、その生態系を破壊するとして反対運動が起こった。また、環境庁より環境への配慮を十分に行うようにとの意見が出された。これらの課題に対応し、計画を再検討する必要が生じた。

霞４号幹線は、藤前干潟や三番瀬と違って、問題は干潟の生態系だけではなかった。代替ルートを整備しないと、取扱量の増大するコンテナが霞大橋を経て国道23号線に流れ出て一層の交通負荷がかかり、沿道への大気汚染負荷の増大が懸念された。また、このプロジェクトに関係する者として、事業主体の四日市港管理組合、国土交通省の他に、川越町、沿岸地区住民、干潟の利用者、高松干潟を守ろう会、日本野鳥の会三重など、多数のステークホルダーが存在し、利害も互いに異なっていた。

こういう状況下でプロジェクトの調査検討委員会が設置され、私が座長を務めることとなったのだが、様々なステークホルダーからのどんな意見も排除せず、それらを集めて議論する場とすることに徹した。そこでは、そもそもコンテナふ頭増強自体が必要か、当時まだ議論の俎上に登ることが稀であった日本の産業衰退・雇用等の根元的問題にまでも踏み込んで議論された。これは、私自身の体験に基づく直感によるものであった。私はかつて栄光の産業革命都市であった北イングランドのリーズ、ドイツルール地方のドルトムントの、２つの失業率20～30%にのぼる工業衰退地域に住んだ経験があった。EUは衰退する加盟国の都市再生プロジェクトを推進していたが、その採択には環境を重視しているが、経済が成熟した欧州ではもっと重視するのは雇用であることなどを会議で伝えた。また、この委員会の直前に92年に開港したミュンヘン新空港が成田よりも長い38年の係争ののちに開港に漕ぎ着けた経緯を本として出版していた。そこでは、「反対意見は変えられないが、推進・反対両者が互いの考え方を知り尽くした」というまで、意見をぶつけ合う仕掛けを作っていた。

高松海岸（干潟）の自然も、水生生物、植物と野鳥とでは相反する配慮が必要なこともあった。このため、多くの紆余曲折を経て合意形成をしていくプロセスを踏むこととなった。地域のみんながプロジェクトの実施された場合とされなかった場合の両方について、正負の両面の影響を理解することが出発点であった。工事でダメージの恐れのある植生は、丁寧な試験移植を経て本格移植をした。このプロセスが「海辺の生物保全対策ガイドライン」としてまとめられており、干潟を利用する人々にも生態に関する新たな知見を提供している。

調査検討委員会は平成12（2000）年度から始まり、現在も年１回、懇談会の形で検討やモニタリングが継続されている。実に16年にも及んで多ステークホルダーの意見を聴き続ける場を設けた道路づくりは、多くの例をみないのではないかと思われる。

本書は、多くのステークホルダーが携わったプロジェクトの16年間の紆余曲折を振り返る記録である。当初から座長を務めてきた林良嗣と一番最近にコンサルタントとして参画した桒原淳とが代表して執筆した。ここに、調査検討委員会、懇談会の委員、地元での意見交換会に参画いただいた多くの方々、膨大な作業に携わった事務局の方々に対して深甚なる感謝の気持ちを表したい。16年という歳月のために、委員は高齢化した。四日市公害裁判で大気汚染源と喘息疾患との科学的関係を明らかにして原告団を支援して四日市では絶大な信頼を得てきた吉田克己副座長、財団法人日本鳥類保護連盟専門委員の杉浦邦彦委員は、この世を去られた。この方々を始めとする各委員の経験に裏付けられた発言は、本文にも書いたとおり、忘れることのできないものである。本書にはこの16年間の思いも入り込んでいることをお断りし、無知や誤解については批判を仰ぎたい。なお、本書では敬称は略して記述させていただいた。

平成29年３月　　執筆者代表　林　良嗣

目　次　　道路建設とステークホルダー　合意形成の記録

——四日市港臨港道路霞４号幹線の事例より

第1章

四日市港臨港道路（霞４号幹線）はなぜ必要になったのか

1　四日市港臨港道路（霞４号幹線）とは

霞４号幹線は、四日市港霞ヶ浦ふ頭と伊勢湾岸自動車道みえ川越インターチェンジとを結ぶ、全長約4.1kmの臨港道路※1（橋梁）である。片側２車の４車線計画であるが、当面は片側１車の２車線での整備が進められている（図１）。

計画区間	霞ヶ浦南ふ頭〜都市計画道路川越中央線
計画延長	4.1km
計画交通量	約12,900台／日
道路区分	第３種第２級
設計速度	50km／hr
道路幅員	４車線（幅18.75m）

※1　臨港道路：港湾法によって定められている、港湾内や港湾と周辺の公道を結ぶ道路のこと。道路法による道路ではない。港湾管理者である港湾局又は地方公共団体が管理する。

図1　霞4号幹線と四日市港周辺

2　整備予定地（川越町・四日市市周辺）の背景

歴史、文化、自然

霞４号幹線が整備される三重県川越町・四日市市は伊勢湾に面したまちで、大都市名古屋とも比較的近い位置にある。四日市は、石油化学コンビナートの林立する工業のまちでもある。四日市港は三重県を中心に滋賀県、岐阜県、愛知県西部を背後にひかえ、産業のための原材料や、生活・消費のための製品の輸出入港として、極めて重要な役割を果たしている。

四日市旧港（四日市市、稲葉町、高砂町）のあたりには東海道の街並みが残り、かつては白砂青松の海岸線が続いていた。中でも、川越町を流れる朝明川河口部には伊勢湾に残された数少ない干潟が広がり、工業地帯となった北勢地域の中では特に貴重な存在である。渡り鳥の中継地点となっており、干潟の自然を愛する人々や環境保全の活動家からも重要視され、環境教育の場にもなっている。潮干狩り、海洋レジャー等が盛んであり、川越町民や四日市市民にとっては、自然とふれあうことのできる憩いの場であるとともに、誇りにもなっている（写真１、写真２）。

写真１　高松海岸（干潟）の環境

広い干潟（平成28（2016）年6月20日撮影）

砂漣(平成28(2016)年8月18日撮影)

ハマヒルガオ(平成28(2016)年5月23日撮影)

ミサゴ(平成28(2016)年11月22日撮影)

写真2　海岸や干潟の利用状況

左上　潮干狩りでの賑わい
（平成28（2016）年5月6日撮影）

右上　干潟で生物観察する親子
（平成24（2012）年7月30日撮影）

下　海岸でのレジャー
（平成26（2014）年6月25日撮影）

四日市公害からの再起と教訓

現在の四日市の都市計画の歴史は、漁村集落に海軍省の燃料基地ができ、その少し山手のほうには海軍将校の住宅地がつくられたことから始まる。戦後、四日市コンビナートができ、工業地帯としての発展が促されたのは国の方針の一つでもあった。地域住民がみずからまちをつくってきたというよりは、中央政府から与えられたことをただ受け止めてきた面がある。それが大きく転換したのが、公害問題であろう。

四日市コンビナートによる大気汚染「四日市公害」は、高度成長期の日本有数の公害として知られるようになる。そして、そこから住民たちは、自分たちで地域の環境を守っていくために学習し、成長せざるを得なかった。

現在では、海岸線とミックスされたコンビナートのある近代的光景が文化財になっている。そこには公害という過ちを二度と繰り返したくないという住民の思いがある。一方で、公害を乗り越えたプロセス自体が教訓となり、地域の資産になっているともいえる。

3　霞4号幹線整備は必要か

グローバルとローカル

四日市市は、四日市港を中心に商工業都市に進展した都市で、明治に地場産業として定着した四日市萬古焼や綿糸紡績の工場も多く立地している。特に高度経済成長期に石油化学系企業が多数立地し、三重県下最大の工業都市、商業都市に発展した。

四日市港は、明治32（1899）年８月４日に開港し、主に羊毛、綿花の輸入港として栄え、昭和27（1952）年には、外国貿易上、特に重要な港として特定重要港湾に指定され、平成23（2011）年には「国際拠点港湾」※2に名称が改められた。さらに、国際拠点港湾の中でも、国際コンテナハブ機能の求められる港湾である「指定港湾」（スーパー中枢港湾）※3としても指定されている。

このように、四日市港は中部圏における代表的な国際貿易港として、また、我が国有数の石油コンビナート等を擁するエネルギー供給基地として重要な役割を担っている。さらに、昭和44（1969）年からコンテナ貨物の取り扱いを開始するなど国際海上輸送のコンテナ化にも迅速に対応し、東南アジア、中国航路をはじめとするコンテナ定期航路網は年々充実しつつある（四日市港管理組合HPより）。このような広域的な物流を考えたとき、四日市には一定の機能を持った道路が求められる。

また、三重県の中でも北勢地域には産業や人口が集中している。そのためインフラも集中している。その中でも四日市市は、平成12（2000）年11月、地方自治法改正によって新たに創設された特例市に移行した。その後、平成17（2005）年２月の楠町との合併により人口が30万人を超え、「中核市」※4

※2　国際拠点港湾：重要港湾のうち国際海上輸送網の拠点として特に重要として政令により定められていた港湾（港湾法2条2号）。全国の18港が指定されており、2011年4月1日より特定重要港湾から名称変更された。

※3　指定港湾（スーパー中枢港湾）：日本の国際拠点港湾（旧・特定重要港湾）のうち特定国際コンテナ埠頭（次世代高規格コンテナターミナル）の形成により国際競争力の強化を図ることが特に重要なものとして政令により指定されている港湾。法令上の呼び名は「指定港湾」（2011年3月31日以前の改正前の名称は指定特定重要港湾）。

の要件を満たすことになった（四日市市HPより）。四日市という地域から考えた場合、地域の暮らしや産業のためには広域とつながる道路が求められる。さらに、これを利活用し、将来に継承していくことが考えられる。

このようなグローバルとローカルのかけ橋として、霞４号幹線の建設は意味を持ってくるだろう。

四日市港港湾計画と臨港道路の課題

霞４号幹線という名称が初めて登場したのが、平成４（1992）年８月の港湾計画※5の改訂であった。当時、四日市港における海上コンテナ貨物の大幅な伸びを背景に、港湾と背後地域の円滑な交通を確保するという目的から、広域幹線道路網との連携に配慮しながら臨港交通体系の実施を図る必要性を鑑み、現在の霞ふ頭から川越中央線を結ぶ４車線の道路として計画をされた。その後のコンテナ貨物の急速な伸びにあわせて（コラム１）、平成10（1998）年７月、「四日市港港湾計画」が改訂された。しかし、高松海岸（干潟）を横断する計画ルートであったことから、干潟機能への影響と生活環境悪化が懸念された。このような意見に配慮し、計画段階における事業主体の四日市港管理組合は、計画ルートが周辺に及ぼす影響を代替ルートとともに比較しながら、詳細に調査検討することとした。検討にあたっては、以下の３つが大きな課題となった。

・現状の道路問題の解消
・コンテナ機能の増強
・代替機能・防災機能

※4　中核市：日本の地方公共団体のうち、地方自治法第252条の22第1項に定める政令による指定を受けた市。日本の大都市制度の一つである。現在の指定要件は、「法定人口が20万人以上」となっている。所属する都道府県の議会とその市自身の市議会の議決を経て、総務大臣へ指定を申請する。三重県内には中核市はまだない。四日市市は、地方分権などの状況を踏まえながら、中核市移行に向けた準備を進めている。

※5　港湾計画：「港湾の開発、利用及び保全並びに港湾に隣接する地域の保全に関する政令で定める事項に関する計画」（港湾法第3条の3第1項）として、重要港湾の港湾管理者が定めることを義務付けられている。四日市港の港湾管理者は、三重県、四日市市が設立する特別地方公共団体（一部事務組合）の四日市港管理組合。

コラム１　《四日市港外貿コンテナ取扱量》

四日市港は三重県唯一の国際貿易港であり、国内有数の石油コンビナート等を擁するエネルギー供給基地である。また、昭和44（1969）年からはコンテナ貨物の取り扱いが開始され、現在では、自動車の輸出や石炭・穀物といったバルク貨物等を扱っており、取扱量も年々増加しており中部圏の経済と市民生活を支える総合港湾として重要な役割を担っている。

しかしながら、コンテナ取扱量の増加に伴い主力埠頭である霞ヶ浦ふ頭から背後地への輸送路である霞大橋や国道23号線などの周辺道路では、朝夕を中心に慢性的な交通混雑が発生している。また、霞ヶ浦ふ頭と背後地を結ぶ連絡道路は霞大橋１本のみであり、災害時の緊急物資輸送や埠頭内で働く労働者等の避難路が十分確保されているとは言えない。

四日市港では今後、外貿コンテナ取扱量が40万TEU※6（平成30年代（1955～64）前半）を越えると推計しており、これに対応するための新たなコンテナターミナルとして水深14～15mのW81号（耐震強化岸壁）及びW82号岸壁の２バースを港湾計画（平成23（2011）年４月28日改訂）に位置づけている。

図２　四日市港外貿コンテナ取扱量の推移

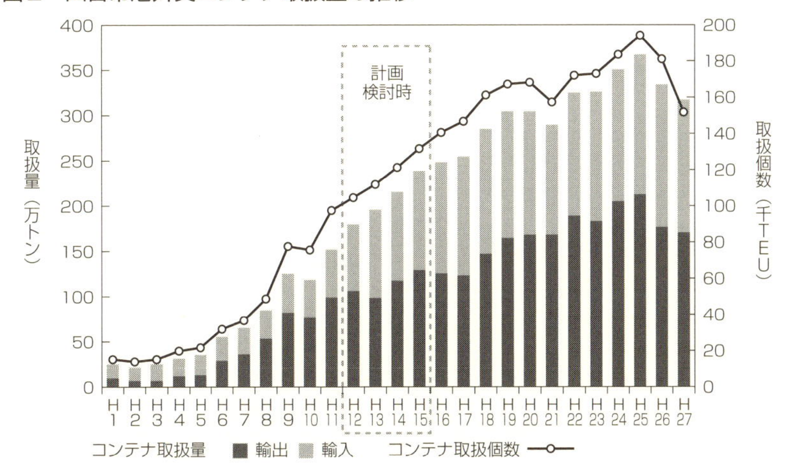

出典：四日市港統計年報（http：//www.yokkaichi-port.or.jp/）

出典：「高松海岸周辺工事に伴う環境保全対策について」（川部直毅、平成27年度中部地方整備局管内事業研究発表会）、「四日市港　臨港道路（霞４号幹線）の整備について～地域の成長・発展と環境の共存を目指して～」（長瀬和則、マリーン・プロフェッショナル海技協会報2011.10 VOL.101,9-13

※6　TEU：20フィートコンテナ換算個数。コンテナ取扱貨物量をこの数値の合計で表示する。

現状の道路の渋滞と大気汚染・騒音問題の解消

・霞大橋のボトルネック解消・国道23号線の渋滞の解消

産業面でいえば、高速交通ネットワークにスムーズに連結されることで定時性・即時性が確保される。それにより港湾貨物の輸送コストも軽減され、港湾サービスは向上する。そのニーズを満たす必要があった。

霞ヶ浦ふ頭にはコンビナート企業、エネルギー関連企業も立地しており、埠頭に関連する自動車交通も増加傾向にあった。埠頭からは産業関係の交通が集中的に発生していた。さらには朝夕には企業への通勤の車が加わった。それらは、霞大橋はもとより、国道23号線でも交通渋滞を引き起こし、港湾とは関係のない交通にまで支障をきたしていた（コラム2）。

霞ヶ浦ふ頭から川越町側（内陸部）の主要幹線道路へは霞大橋1本でつながっている。それがボトルネックになっていた。増大する交通量に、霞大橋だけでは対応できなくなってきていた。

特に、霞大橋と国道23号線との交差点部では、国道23号線を名古屋方面に最大で130m、津方面に150mの渋滞が発生していた（平成15（2003）年1月）。富田山城線の国道1号線と国道23号線の立体交差と国道477号線の拡幅の完成後には、さらにその交差点への交通集中が起こることが懸念されていた。

霞4号幹線は、こうした状況下で増大が予測される港湾関連交通を国道23号線に環境負荷をかけることなく、背後地へ結ぶために必要な道路である。

写真3　霞大橋の混雑の様子

出典：川部直毅（2015）高松海岸周辺工事に伴う環境保全対策について．平成27年度中部地方整備局管内事業研究発表会．より

コラム2　《国道23号線の交通量》

納屋測定局前面道路の１日交通量は、平成21（2009）年度以降は、微減又は前年度と同程度の傾向が見られる。そのうち大型車の交通量は約４割程度を占めており、自動車排出ガス量におよぼす影響が大きい。

図３　納屋観測局前面道路（国道23号線）の交通量（平日1日）の推移

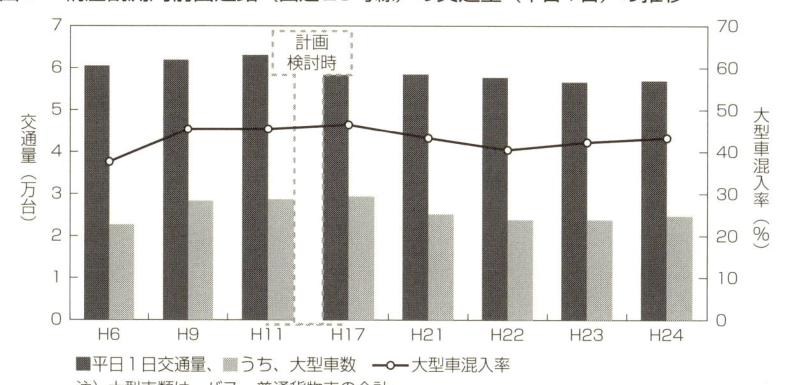

注）大型車類は、バス、普通貨物車の合計

出典：H24年度自動車交通環境影響総合調査（環境省）、道路交通センサス一般交通量調査結果（国土交通省）

図４　納屋観測局の位置

位置）四日市市市蔵町4-17
北緯：34度57.706分　東経：136度38.212分　標高：2m

・国道23号線の大気汚染、騒音の解消

国道23号線はもともと交通量が多い。それに伴う大気汚染がひどいために、バイパスが必要だという意見があった。国道23号線の大気汚染は、愛知県岡崎市（国道１号線）や大阪府大阪市（国道43号線）と並び、全国的にも知られているほどひどかった。騒音についても、四日市付近の国道23号線は環境基準を超過していた（コラム３）。

霞ヶ浦ふ頭を利用し霞大橋を通行するコンテナ輸送トラックが増加すれば、国道23号線周辺への大気汚染が増大する。国道23号線にこれ以上の環境負荷はかけられない。また、バイパスが開通することによって、国道23号線の交通量が減り、国道23号線の騒音や振動の問題が緩和するのではないかという意見もあった。こうして、霞ヶ浦ふ頭から、みえ川越ICへ直結する霞４号幹線の整備が計画された。

地域住民からは、霞４号幹線を「バイパスとして使えるだろう」とか、「自分たちも利用したい」という声もあった。しかし、交通面で期待されたのは、地元住民が利用するためではなく、あくまでも霞ヶ浦ふ頭から川越町へ向けてコンテナ輸送トラックをスムーズに流し、国道23号線へ流入することを食い止めることであった。

コラム３ 《国道23号線の大気汚染と自動車騒音》

（大気汚染）

三重県では、一般環境測定局24局、自動車排出ガス測定局７局で大気環境測定を行っている。近年では、すべての測定局で環境基準※を達成しているものの、自動車排出ガス測定局の年平均値は一般環境測定局に比べて高い傾向にある。環境基準によれば、１時間値の１日平均値が0.04ppmから0.06ppmまでのゾーン内又はそれ以下でなければならない（昭和53.7.11告示）。環境基準の長期的評価では、年間における日平均値の測定値の低い方から98%に相当するものが0.06ppm以下の場合は、環境基準が達成されたと評価する。

図５　二酸化窒素（日平均の年間98％値）の変化
納屋観測局（自動車排出ガス測定局）

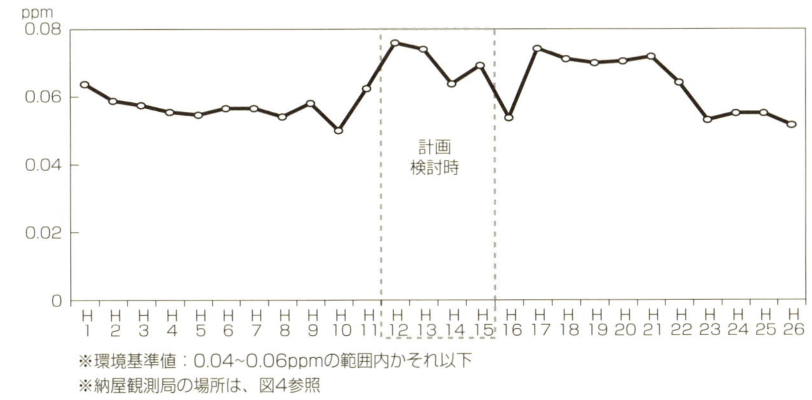

※環境基準値：0.04~0.06ppmの範囲内かそれ以下
※納屋観測局の場所は、図4参照

出典：三重の環境と森林（http://taiki-kanshi.eco.pref.mie.lg.jp/）
※二酸化窒素に係る環境基準について（昭和53年7月11日環告　38、改正　平8環告74）

（自動車騒音）

道路に面する住宅地においては、自動車騒音の影響が大きく、環境基準を満足していない場所がある。道路網の整備と自動車交通量の増加に伴い、自動車騒音の影響範囲は面的な広がりをみせ、住民の生活環境に影響を及ぼしている。

図６　自動車交通騒音の変化　中納屋町（国道23号線）

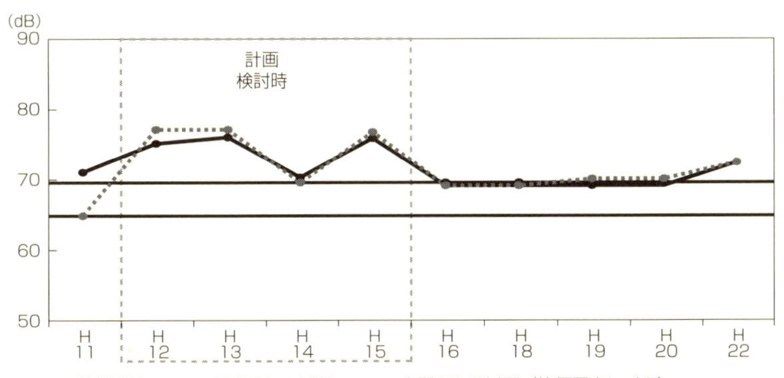

※環境基準値：昼間70dB以下、夜間65dB以下（等価騒音レベル）
類型：C類型（近隣商業地域）、車線数：4、道路種別：一般国道（国道23号線）

表1　騒音に係わる環境基準

地域の類型	時間の区分		該当地域
地域の類型	時間の区分		該当地域
	昼間（午前6時から午後10時まで）	夜間（午後10時から翌日午前6時まで）	
A	55dB以下	45dB以下	都市計画法（昭和43年法律第100号）第8条の規定により定められた第1種低層住居専用地域・第2種低層住居専用地域・第1種中高層住居専用地域、第2種中高層住居専用地域
B	55dB以下	45dB以下	都市計画法（昭和43年法律第100号）第8条の規定により定められた第1種住居地域、第2種住居地域、及び準住居地域
C	60dB以下	50dB以下	都市計画法（昭和43年法律第100号）第8条の規定により定められた近隣商業地域、商業地域、準工業地域及び工業地域

表2　騒音の大きさの例

120dB	飛行機のエンジンの近く
110dB	自動車の警笛（前方2m）
100dB	電車が通るときのガード下
90dB	大声による独唱、騒々しい工場の中
80dB	地下鉄の車内
70dB	電話のベル、騒々しい事務所の中
60dB	静かな乗用車、普通の会話
50dB	静かな事務所
40dB	図書館、静かな住宅地の昼
30dB	郊外の深夜、ささやき声
20dB	木の葉のふれ合う音、置き時計の秒針の音（前方1m）

コンテナ機能の拡充―産業の競争力と雇用維持に重要―

霞4号幹線の計画が検討された当時、港湾貨物の中でも特にコンテナ貨物が大幅に増加していた（**コラム1**）。これらを取り扱う霞ヶ浦北ふ頭では、水深14mの岸壁の整備が進められていた。

しかし、日本全体の産業が衰退すれば貨物が必然的に減ってくるため、コンテナ需要は増えず、コンテナターミナルの拡充は不要との見方もある。

調査検討委員会が発足した平成12（2000）年のその時点で、バブル期が終わった日本経済はすでに10年間成長しておらず、縮小の可能性も否定できなかった。しかし、ほとんどの国民は産業が衰退していくとは予想していなかった時代であった。

たとえばイギリスでは、20世紀後半からのGDP成長率は年率2％で、この間に人口が5,036万人から5,889万人へと約20％増加している。日本では21世紀前半で20％を超える人口減少が予測される中、イギリスと同じだけのGDP成長率が望めるかは疑問であった。

重要なのは、将来の北勢地域、三重県、そして日本の問題として「雇用の維持」が極めて大きな問題になってくることである。経済が成長しなくなると雇用は減少する。EU諸国では環境問題を重視してきた。しかし、それ以上に失業率が20～30％にものぼる問題があり、その状況下で生活していくための雇用を創出することが何より重要となっていた。コンテナ埠頭の強化をしない場合、霞ヶ浦ふ頭を中心に立地する産業の競争力が落ち、地域の雇用減少につながる。欧州の先進諸国での産業衰退の歴史をみれば、そこには高い蓋然性があり、コンテナターミナル拡充プロジェクトは簡単には棄却できない。三重県の経済・雇用を展望したとき、霞4号幹線は四日市港のコンテナ機能の拡充には必要だった。

地震等災害時の輸送代替機能

平成7（1995）年1月の阪神淡路大震災では、地震直後、陸上交通が寸断され、麻痺状態に陥っていたが、海上交通が救援物資の輸送や復旧活動に大いに貢献した。

四日市港においては、平成14（2002）年に唯一の耐震強化護岸がすでに霞ヶ浦ふ頭に整備されていたが、霞4号幹線は阪神淡路級の地震においても耐えられる基準とし、耐震強化岸壁（リダンダンシーの確保）と一体となって震災時に機能することが期待された。くしくもこの計画の後、平成23（2011）

年３月に東日本大震災が発生し、霞４号幹線の防災・減災機能への認識の重要性がますます高まることになった。

・代替機能（リダンダンシーの確保）

大規模地震などの災害時には、海上からの緊急物資を内陸部に輸送することが有効である。霞ヶ浦ふ頭は霞大橋一本で結ばれた出島方式である。このため、災害時における橋の落下や破壊、閉鎖などによる機能麻痺が起こった場合に備えて、霞大橋だけでなく複数ルートの整備が望まれていた。それと同時に、埠頭内で働く人々の安全確保・避難のためにも必要である（図７）。霞４号幹線は、霞大橋の代替機能（リダンダンシー）として有効に働くことが期待された道路であった。

図７　霞４号幹線による代替機能の向上

（「臨港道路霞４号幹線」パンフレット（H23.3）（国土交通省中部地方整備局四日市港湾事務所）より）

第2章

計画検討のための“体制づくり”

1　地域に及ぼす影響を的確に把握するための体制づくり

霞4号幹線は、平成10（1998）年7月の港湾計画改訂により、高松海岸（干潟）内を横断する計画ルートに変更設定された。この計画ルートに対して、環境省（当時は環境庁）からは自然環境に十分配慮するようにとの意見（資料1）、地域住民からは生活環境悪化に対する強い懸念や朝明川河口部の干潟に関する意見などが出された。

これらの意見等に対応するため、環境の現況調査や環境への影響評価を行い、現在の計画が地域に及ぼす影響の程度を的確に把握するとともに、代替ルートを抽出し、比較する中で最適ルートを見出す必要があった。この霞4号幹線の計画について、地域に及ぼす影響を的確に把握し、十分な検討を行うための体制や仕組みをつくることが極めて重要なポイントであった。

資料1　港湾審議会第166回計画部会（旧運輸省、平成10（1998）年7月13日開催）の港湾計画改定審議において上程された四日市港港湾計画の改定に対する環境省（当時は環境庁）意見

本計画のうち、臨港道路霞4号幹線が計画されている朝明川河口部の干潟は、伊勢湾地域におけるシギ・チドリ類等渡り鳥の主要な渡来地である。

このため、港湾管理者におかれては、当該道路計画の具体化に当たって、シギ・チドリ類等渡り鳥の生息への影響に関する追加調査を行い、その結果を道路構造や施工方法、工事工程に反映させるなど、生息環境の保全に十分配慮された

い。
※当時の環境庁は、当該審議会の委員であり、環境保全の観点から意見を述べている。

出典：環境省ホームページ
http://www.env.go.jp/press/165.htmlより

2　環境影響評価(環境アセスメント)ができるコンサルタントを選ぶ

霞４号幹線の計画を検討するにあたり、はじめに環境影響評価（環境アセスメント）※7を行うコンサルタントを選定する委員会（コンサルタント選定委員会、委員長：林良嗣）（以後、選定委員会）が立ち上がった。すなわち、今までの狭義の建設コンサルタントの能力だけでなく、生態系のことが正確に評価できる能力を持ったコンサルタントを選定する必要があったためである。

選定委員会では、コンサルタントを選定する条件として

・まず、環境調査を行う。

・次に、あらゆる環境に対して現れる影響をモニターする（**表3**）。

・それによって、「こんな工事をしてはいけない」という判断をする。

という方向性が確認された。

一定の予算を上限に、技術提案をコンサルタントに求めた結果、応募した数社のうち予算額は２番目に高いが、内容的に最も実行性が高いコンサルタントが選定された。選定結果発表の委員会には、マスコミ各社が詰めかけ、記者会見では「なぜ、そんな高い会社を選んだのか？」という質問が投げかけられた。これに対して、林は、「生態系の調査が真っ当にできないコンサ

※7　環境影響評価（環境アセスメント）：開発事業による重大な環境影響を防止するためには、事業の内容を決めるに当たって、事業の必要性や採算性だけでなく、環境の保全についてもあらかじめよく考えていくことが重要である。環境アセスメントとは、開発事業の内容を決めるに当たって、それが環境にどのような影響を及ぼすかについて、あらかじめ事業者自らが調査、予測、評価を行い、その結果を公表して一般の方々、地方公共団体などから意見を聴き、それらを踏まえて環境の保全の観点からよりよい事業計画を作り上げていこうという制度。（詳しくは、環境省ホームページ、http://www.env.go.jp/policy/assess/index.html）

ルタントを選べば、契約金額が安価であっても無駄金になる。パフォーマンスを考えた業者選定は当たり前で、予算制約条件の範囲内で、このプロジェクト調査の目的のために最適な会社を選んだのです」と答えた。

残念ながら日本では、これまでパフォーマンスを考えずに短絡的に金額だけでこの種の判断がなされてきた。事業者（国、自治体等）と地域住民の情報共有や合意形成ができないのは、この「パフォーマンスを考えた業者選定」という当たり前のことが深く理解されないまま続けられてきたためである。

表３　霞４号幹線計画検討時に実施された環境影響評価のための調査項目

<table>
<tr><th colspan="2">調査区分</th><th colspan="2">調査項目</th><th>調査時期</th><th>環境影響評価</th></tr>
<tr><td rowspan="3">大気環境</td><td>大気汚染</td><td colspan="2">NOx、SPM、降下ばいじん、風向・風速</td><td>春季、夏季
秋季、冬季</td><td rowspan="3">工事中供用後</td></tr>
<tr><td>騒音</td><td colspan="2">等価騒音レベル</td><td>秋季</td></tr>
<tr><td>振動</td><td colspan="2">振動レベル</td><td>秋季</td></tr>
<tr><td>日照阻害</td><td colspan="3">太陽高度、方位、構造物の高さ等を用いて、供用後の日照阻害の影響を把握</td><td>−</td><td>供用後</td></tr>
<tr><td rowspan="6">水環境</td><td>流況等</td><td colspan="2">流向・流速</td><td rowspan="2">春季、夏季
秋季、冬季</td><td rowspan="2">工事中供用後</td></tr>
<tr><td></td><td colspan="2">波高</td></tr>
<tr><td rowspan="2">水質</td><td>一般項目</td><td>pH、溶存酸素量、COD、SS、全窒素、全リン</td><td rowspan="2">春季、夏季
秋季、冬季</td><td rowspan="2">工事中供用後</td></tr>
<tr><td>その他の項目</td><td>全有機炭素、溶存態有機炭素、アンモニア態窒素、亜硝酸態窒素、硝酸態窒素、リン酸態リン、クロロフィルa、フェオフィチン、流向・流速、水温・塩分</td></tr>
<tr><td rowspan="2">底質</td><td>底質分析項目</td><td>pH、COD、全有機態窒素、全窒素、全リン、強熱減量、全硫化物、クロロフィルa、フェオフィチン、酸化還元電位、含水率、単位体積重量、粒度分布</td><td>春季、夏季
秋季、冬季</td><td rowspan="2">工事中供用後</td></tr>
<tr><td>脱窒</td><td>溶出試験、脱窒試験、砂浜部水質調査</td><td>春季、夏季</td></tr>
<tr><td rowspan="3">地形</td><td rowspan="2">原地形</td><td colspan="2">深浅測量</td><td rowspan="2">冬季</td><td rowspan="3">供用後</td></tr>
<tr><td colspan="2">水準測量</td></tr>
<tr><td>過去からの地形変化</td><td colspan="2">空中写真判読</td><td>−</td></tr>
</table>

動植物・生態系	水生生物	浮遊生物（プランクトン）	植物プランクトン	春季、夏季 秋季、冬季	工事中供用後
			動物プランクトン		
		底生生物（ベントス）	メイオベントス	春季、夏季 秋季、冬季	
			マクロベントス		
			メガロベントス		
		遊泳生物（ネクトン）	魚類	春季、夏季 秋季、冬季	
			稚仔魚		
	陸生生物	陸上植物	植生	春季、夏季 秋季	工事中供用後
			植物相		
		鳥類	干潟部鳥類	春季、夏季 秋季、冬季	工事中供用後
			市街地鳥類		
		昆虫類	干潟昆虫類	春季、夏季 秋季	工事中供用後
			市街地昆虫類		
	生態系	現況調査で確認された生物の中から、地域の生態系を特徴づけるよう上位性、典型性、特殊性の視点から生物種を選定		－	工事中供用後
人と自然との触れ合い活動の場	景観	主要な眺望点及び景観資源		春季、夏季 秋季、冬季	供用後
		主要な眺望景観の状況			
	人と自然との触れ合い活動の場	触れ合い活動の場の分布		春季、夏季 秋季、冬季	供用後
		利用の状況			
		利用環境の状況			

3　臨港道路霞４号幹線調査検討委員会のスタート

霞４号幹線の計画に対して、地元からは「計画」の前提である港湾機能の強化についての疑問、生活環境悪化に対する強い懸念、朝明川河口部の干潟の保全に関する多くの意見が出されていた。

平成12（2000）年11月、霞４号幹線のルートについて、広く理解の得られる計画を策定するため、「臨港道路霞４号幹線調査検討委員会」（以後、「調査検討委員会」）が設置された（コラム４）。

コラム４　《臨港道路霞４号幹線調査検討委員会》

調査検討委員会の方針と目的

・第三者の立場からの公正、公平の確保をその基本とする。
・臨港道路霞４号幹線の港湾計画に示された５つのルートに加えて、複数の代替ルートを提案する。
・それらが地域に及ぼす影響を明らかにした上で、最も適切なルートと、事業全体に関する配慮事項を見出す。
・より根元的な問題である四日市港におけるコンテナターミナル機能拡充のそもそもの必要性に関し、港湾計画での将来取扱い貨物量予測の考え方、及び現時点での実績値との照合をし、それが妥当であるかどうかを確認する。
・その上で、霞４号幹線自体の必要性の有無について検討する。
・周辺地域の生活環境悪化防止と伊勢湾に残された数少ない干潟を中心とする自然環境の保全という条件下で総合的な判断を行う。

設　立　趣　意　書

四日市港は中部圏における代表的な国際貿易港として、また、我が国有数の石油化学コンビナート等を擁するエネルギー供給基地として重要な役割を担っている。さらに、昭和44年からコンテナ貨物の取扱を開始するなど国際海上輸送のコンテナ化にも迅速に対応し、北米、オーストラリア、東南アジア航路をはじめとするコンテナ定期航路網は年々充実しつつある。

近年の港湾整備は霞ヶ浦地区南ふ頭における公共コンテナターミナルや四日市港国際物流センターなど外貿コンテナ取扱のための施設整備が中心であり、霞ヶ浦地区北ふ頭においては大水深バースの整備が進められている。

大水深コンテナバースの整備に伴い、発生交通量を円滑に背後交通網へ流すため霞４号幹線が計画されているが、現在の平面線形では貴重な干潟機能や沿道環境への影響が懸念されている。

すなわち、多様化する物流需要、物流合理化の進展に対応すべく一層の港湾機能拡充が求められる一方で、貴重な自然環境や沿道環境との保全や調和も重要な課題となっており、事業実施に際しては、地域の状況を十分に把握しかつ道路計画や自然環境に精通した有識者等の指導・助言が不可欠である。

こうした状況を鑑み、「臨港道路霞４号幹線調査検討委員会」を設立するものである。

平成12年11月13日
四日市港管理組合

調査検討委員会の委員の選定

通常、有識者会議等を設置する場合、事業主体側が委員を選ぶ。このとき、事業推進者、賛成者を選ぶという委員会がいまだに多い。けれども、地域住民はそれでは慎重で十分な議論は尽くされないと考えるのが通常であろう。こういう観点で、委員の選定においての透明性、公共性を確保することは非常に重要である。

この委員会の設立は、林良嗣（当時　名古屋大学環境学研究科教授、専門：土木工学、都市持続発展論）が、当時の四日市港管理組合のナンバー２である副管理者の飯島昭夫から、後に設立される霞４号幹線建設のための「臨港道路霞４号幹線調査検討委員会」の委員長を依頼された際に、提案したものであった。世の中の信頼を得た上で、霞４号幹線について検討することが非常に重要だった。飯島はこれを理解し、了承した。

公共事業では反対意見を持つ人をどうするか、という問題が大きい。委員会に反対意見を持つ人が入ってしまうと話がまとまらない。しかし、反対側の人を入れずに議事を進めて委員会を無事終わらせると、後々の非難は免れない。霞４号幹線の調査検討委員会の場合は、賛成者ばかりで委員を構成しなかったのが良かった（表４）。

また、委員の一人、山田健太郎（当時　名古屋大学工学研究科教授、専門：土木工学、橋梁工学）は、計画段階からかかわれることが貴重だ、と委員を引き受けた。「大体それまでは設計案ができてから、何か問題ありませんかと問われるような委員会が多かった。何もない状態から議論をするというのは非常に貴重な経験だ」と考えたのである。

表４　調査検討委員会開催当時の委員名簿（所属は当時）

No	氏名	所属	専門分野	備考	所属部会			
					環境	道路	構・デ	評価
1	林　良嗣	名古屋大学大学院 環境学研究科教授	都市持続発展論	（コンサルタント選定委員）	委員長			
2	吉田克己	三重大学名誉教授	公衆衛生 大気汚染	四日市市環境保全審議会会長（コンサルタント選定委員）	副委員長 部会長 ○			
3	有賀　隆	名古屋大学大学院 環境学研究科助教授	都市計画 アーバンデザイン	四日市市都市計画審議会委員				部会長 ○

4	上田恵介	立教大学理学部教授	鳥類野外生態学	(コンサルタント選定委員)	○			
5	葛山博次	元近畿大学豊岡短期大学非常勤講師	植物生態学	三重県環境影響評価委員会委員	○			
6	佐々木　葉	日本福祉大学社会情報科学部助教授	景観 橋梁デザイン	四日市市都市景観審議会員			副部会長 ○	
7	関口秀夫	三重大学生物資源学部教授	海洋生態学 (干潟生物)		○			
8	林　顕效	鈴鹿医療科学大学教授	電気音響学	三重県環境影響評価委員会委員	副部会長 ○			
9	松井　寛	名城大学理工学部建設システム工学科教授	交通計画 国土計画	(コンサルタント選定委員)		部会長 ○		
10	丸山康人	四日市大学経済学部教授	行政学 (地方自治)	四日市市都市計画審議会会長				副部会長 ○
11	森川高行	名古屋大学大学院工学研究科教授	交通工学	愛知万博輸送部会副座長		副部会長 ○		
12	山田健太郎	名古屋大学大学院環境学研究科助教授	土木工学 橋梁工学				部会長 ○	
13	中村由行	独立行政法人港湾空港技術研究所 海洋・水工部沿岸生態研究室長	海洋化学		○			
14	中島　洋 (前任) 和田匡央	運輸省第五港湾建設局企画課長 国土交通省中部地方整備局 港湾空港部港湾計画課長		主務省庁	○	○	○	○
15	山川　修 (前任) 三宮　武 (前任) 日下部　隆昭 (前任) 高松　諭	建設省中部地方建設局企画部広域計画調査課長 国土交通省中部地方整備局企画部企画課長		道路行政総括		○		
16	池村和人 (前任) 前川正則	三重県北勢県民局 四日市建設部長		河川・海岸・道路管理者		○	○	
17	川北欣也 (前任) 西川周久	四日市市市長公室長		関係市				○
18	渡辺辰巳 (前任) 舘　善雄	川越町企画調査課長 川越町総務部長		関係町				○
19	青木輝雄	四日市商工会議所専務理事		道路利用者代表				○
20	服部武昭	朝明商工会事務局長		道路利用者代表				○
21	杉浦邦彦	財団法人日本鳥類保護連盟専門委員		三重県自然環境保全審議会委員	○			
22	濱　敬矩 (前任) 長岡道彦	四日市港管理組合技術部長		事業主体 (コンサルタント選定委員)	○	○	○	○

吉田克己（三重大学名誉教授）の存在

調査検討委員会の委員長を打診されていた林は、委員会のメンバーは、地域の信頼を得ており、かつ様々な問題に対して厳しく意見を述べることができる人で構成したいと考えていた。特に、林がこだわったのは、吉田克己（三重大学名誉教授）（**資料2**）に委員に加わってもらうことだった。世界中のデータを集め、大気汚染と健康との疫学的な関係を調べ、四日市公害裁判への科学的根拠を提供し、また、その後の大気環境基準の策定に関わった吉田の存在は大きい。その発言は、地域の信頼を得ているからこそ、非常に重要であった。

調査検討委員会において吉田は、地域住民への環境影響を軽減することを第一の目的としていた。例えば、国土交通省の道路部局の委員（当日代理出席者）からは、「国道23号線で現状、NOxは0.06ppm以下だ。NOxの環境基準は0.04ppmから0.06ppmだから基準をほぼ満たしている。霞4号幹線は要らない」という発言があった。それに対して、吉田は、「あなたは、その基準をどうやって決めたか知っているか」と問いただした。「環境基準を決めた当時、0.04ppmにしたら、全国、守れないところだらけだった。それだと規制にならないから、やむなく0.06ppmまでと幅を持たせた。0.06ppm以下だから健康被害が全く出ないということはあり得ない。基準を満たしているからよろしいということではない」と、論文を持ってきて説明した。吉田が丹念に行った海外の事例調査でも、NOxが0.04ppmを下回るところでは顕著な被害が出た所はなかったが、0.04～0.06ppmでは被害事例が見られたことを示す説得力のある論文だった。

委員の一人、葛山博次（元三重県環境影響評価委員、専門：植物生態学）は、昭和30年代（1955～64）、四日市の亜硫酸ガスによる大気汚染のことが世界中に知られた頃、汚染の環境への影響をみるために樹木に着生する蘚苔類・地衣類を、桑名から四日市までの地域で調べた報告（四日市市及びその周辺地域の着生植物群落調査報告書、三重県1977）を書いた。明らかにその周辺は影響が出ていた。それで、その当時から大気汚染による影響は何としてでも食い止めたいとの強い思いがあった。葛山にとっても、吉田は頼れる存在だったのである。

資料２　吉田克己

大正12（1923）年９月13日生まれ、平成28（2016）年１月16日没（92歳）。三重大名誉教授。昭和後期-平成時代の公衆衛生学者。昭和33年三重県立大（現三重大）教授、昭和46～48年三重県公害センター所長を兼任。昭和35（1960）年、四日市公害の調査に着手し、大気汚染と喘息（ぜんそく）との疫学的因果関係を立証。四日市公害裁判における証言は昭和47（1972）年の原告勝訴判決につながった。岐阜県出身。京都帝大卒。著作に『四日市公害――その教訓と21世紀への課題』など。

調査検討委員会と４つの専門部会

林を座長とし、ほか21名の委員によってスタートした調査検討委員会は、「環境影響評価（環境アセスメント）」と「事業主体と地域の多様なステークホルダーとの情報共有のために取り組むこと」を柱に運営されることになった。

また、調査検討委員会では、専門的な検討を行う体制として、委員会内部に「環境調査部会」、「道路計画部会」、「構造・デザイン部会」、「評価システム部会」の４つの部会を設けた（図８）。さらに、調査検討委員会開催最終年度となる平成15（2003）年度には、４つの部会の連携を取るため、霞４号幹線の必要性の確認、地元要望、総合評価・検証の進め方について、各委員の考え方を再整理するための会議（＝拡大代表者会議）を別途開催している。

「環境調査部会」（部会長：吉田克己、副部会長：林　顯效、部会員：上田恵介、葛山博次、関口秀夫、中村由行、杉浦邦彦、国土交通省中部地方整備局港湾空港部港湾計画課、四日市港管理組合）

環境調査ならびに環境影響予測評価に関する内容について、専門的な立場から助言・審査を行う部会である。調査対象や調査方法を詳細に検討したうえで、計画ルート周辺環境の現況調査に基づき、将来の影響の予測及び評価を行い、これに基づいてルートの総合比較評価に必要な比較項目の状態を明らかにした。

「道路計画部会」（部会長：松井　寛、副部会長：森川高行、部会員：国土交通省中部地方整備局港湾空港部港湾計画課、国土交通省中部地方整備局企画部企画課、三重県北勢県民局四日市建設部、四日市港管理組合）

交通量予測、道路計画について、専門的な立場から助言・審査を行う部会である。14のルートを考案した上で、技術的、社会的な条件や住民意見などから絞り込み、将来交通量の予測を基に平面、縦断計画などルート毎の概略形状を検討し、将来の環境影響予測の基になる基本的な５つのルート代替案の線形等諸元を提案した。

「構造デザイン部会」（部会長：山田　健太郎、副部会長：佐々木　葉、部会員：国土交通省中部地方整備局港湾空港部港湾計画課、三重県北勢県民局四日市建設部、四日市港管理組合）

橋梁等の構造物、景観デザインに関する検討について、専門的な立場から助言・審査を行う部会である。橋梁などの構造形式の検討や景観面での検討を通じ、各ルートの具体的なイメージや設計方針などを提案した。

図８　推奨ルート選定までの調査検討委員会と専門部会の役割

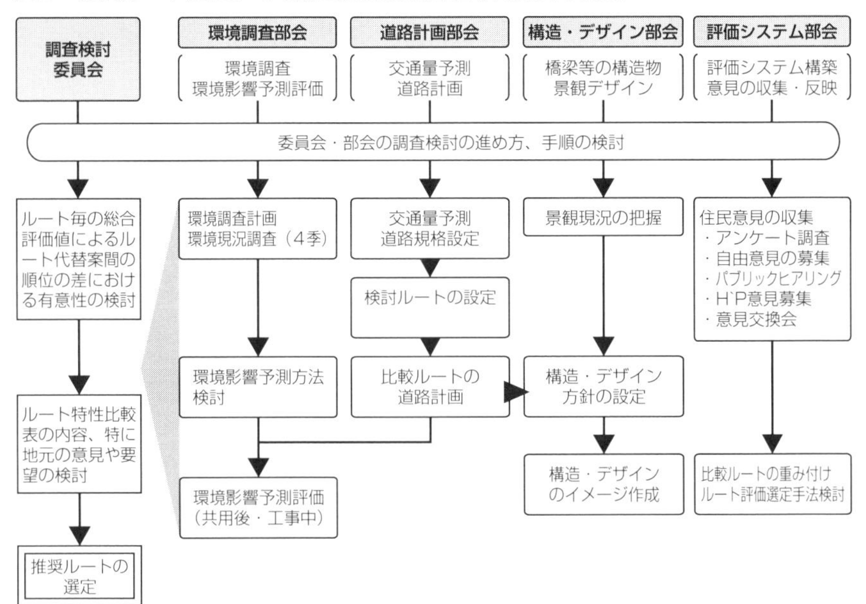

「評価システム部会」（部会長：有賀　隆、副部会長：丸山康人、部会員：国土交通省中部地方整備局港湾空港部港湾計画課、四日市市、川越町、四日市商工会議所、朝明商工会、四日市港管理組合）

最適ルートを選定するための評価システムの構築、また、一般地域住民、関係各種団体各位からの意見の収集とその意見の反映にかかわる専門部会間の意見交換を、それぞれ専門的な立場から助言・審査を行う部会である。多様な手段で収集した住民意見に基づき本道路に求められる姿を“道路ガイドプラン”として取りまとめた。さらに、ルート選定にあたっては住民との協働を取り入れ、AHP（階層化意思決定手法）※8を応用して、地域住民による評価項目間の重み付けと委員による評価項目毎のルートの評価点を掛け合わせて総合的なルート評価を行う手法を提案した。

情報共有がもたらした一体感

調査検討委員会では、各部会の部会長、副部会長が参加し、各専門部会で議論した結果を調査検討委員会に報告することで、調査検討委員会と各専門部会との意思疎通はできていた（図9）。たとえば、橋梁のルートの問題と絡んで、NOxの問題について調査検討委員会で議論したときには、環境部

図9　部会間相互の連絡調整の概念図

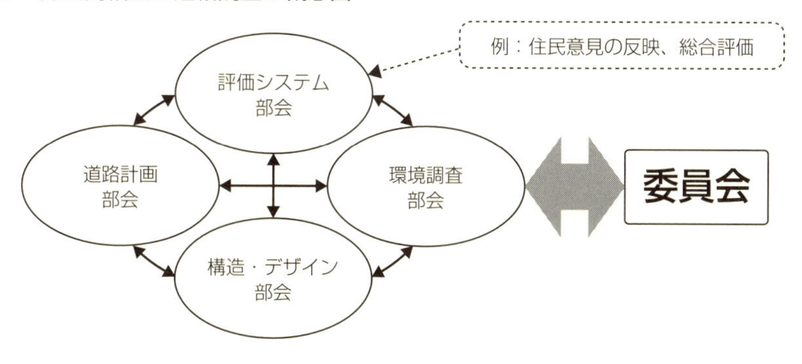

※8　AHP（階層化意思決定手法）：意思決定したいと考える事項に関係する項目について、項目間や代替案の優劣を主観的に判定することで、評価者が求める最適な決定を可能にする方法である。

会では非常に細かい部分まで議論された。その結果が調査検討委員会に上申されたが、一部保留になったものもあり、すべてに明快な答えが出たわけではなかった。しかし、専門部会と調査検討委員会がもつれるようなことはなかった。専門部会間の情報共有が充実していたため、調査検討委員会や専門部会の区別なく、一体感をもって「霞4号幹線の計画をゼロ代替案を含めて[※9]検討する」という一つの目標に向かうことができた。

ここで、四日市港管理組合を中心とする調査検討委員会事務局チームは、調査検討委員会と専門部会のすべての会議に出席し、また、地元の多ステークホルダーとの懇談会や打ち合わせのほとんどすべてに出席して、その場に居合わせない主体間の情報共有を図った。この事務局の丁寧な対応が、人と人との信頼を醸成し、このプロジェクトの崩壊を防ぐための重要な役割を果たした。

4　調査検討委員会での様々な試み

環境への影響をいかに予測するか―ポストの段階をプレの段階から織り込む―

建築にしろ土木にしろ、公共的な事業では良くも悪くも環境を改変する。当時のプロセスでは、事業後に評価をし、ネガティブな影響が出ていることがわかれば、それを緩和したり減少させたり、あるいは回復させたり再生したりするための手を打っていくのが通常であった。しかし、この霞4号幹線の場合、ローカルな環境の変化が予測されれば、それに対して、少しでも、むしろ現状より良くなるように、計画の段階から検討された（例えば、躯体内の空洞化により脆弱化した防潮堤上に道路を一体施工して防潮堤強化も同時にはかれるように、しかも堤内地の地域住民の海岸へのアクセスがもっと良くなるように、あるいは、利便性が向上するように、など）。

事業後の状態を事業前の段階から織り込んで検討し、それを計画の中に内在化させていくという霞4号幹線の検討プロセスは、従来のPOE[※10]とは全く異なる戦略的なアセスメントの方法で、都市計画や都市の基盤施設の計画

※9　ゼロ代替案：事業を実施しない案。

のプロセスとしては、極めて挑戦的かつ意欲的な計画検討のプロセスだったと言える。

地域協働、住民参画の時代に—藤前干潟保全の成功を契機に—

調査検討委員会による検討が続けられていた平成12（2000）年から平成15（2003）年頃は、地域協働や地域住民参加といったパブリック・インボルブメント（住民参画）※11という考え方が支持されるようになってきていた。公共的な社会資本や都市施設の整備に、どういう形でパブリック・インボルブメントができるのか、どのようにすれば効果的にそれが実践できるのかを、試行錯誤しながら進めていた時代だった。

調査検討委員会が設置される前年の平成11（1999）年、伊勢湾では藤前干潟の保全活動が大きな成功を収めていた。藤前干潟は、名古屋市北西部を流れる一級河川庄内川を主として、幾つかの河川が海に出る所に形成され、貴重な自然を残す海岸として知られていた。そこに名古屋市は新たなごみ処分場をつくることを計画したが、自然保護を重視する地域住民の保全活動により、最終的に藤前埋立を断念したのである。これは、一方的に市が工事を進めるのでもなく、また、市民の意見をそのまま意思決定に反映したのでもない。名古屋市としては、市民の藤前干潟埋立反対運動に対して、増え続ける市民から出るゴミを処分せざるを得ないことから、市民がごみを分別して、リサイクル可能なゴミや使えるものをゴミにしない等が必要だと訴えた。分別されずに出されたゴミは、名古屋市が回収拒否する実力行使に出た。こうしてゴミの量を大幅に減らすことに成功し、埋立てを回避した。

その環境意識は、環境万博とも称された平成17（2005）年の「愛知万博」、生物多様性条約第10回締約国会議（COP10・平成22（2010）年）※12に合わせた「地域住民団体の活動」、平成26（2014）年の「持続可能な開発のための

※10　POE：Post Occupancy Evaluationの略。事前・事後調査あるいは満足度調査と訳され、ヒアリング・アンケート等により施設の使い勝手の良し悪しを科学的に調査・評価する手法。

※11　パブリック・インボルブメント Public Involvement（住民参画）：公共工事の計画段階から住民の意見を聴取し反映させる方式。

教育（ESD）に関するユネスコ世界会議」※13にもつながった。

環境問題に非常に関心が高まっていた時代であり、地域住民の力、地域力をどのように生かして公共的な社会資本整備に反映していくか、ということが意識された時代でもあった。霞４号幹線の計画を検討するために、多様な立場の人々の意見に耳を傾ける仕組みを構築することは、自然な流れだったのである。

霞４号幹線は本当に必要なのか、から始める

霞４号幹線の建設の意図として事業主体が示したのは、「今後、霞ヶ浦ふ頭から発生する交通量は確実に増加するから」ということであった。それに対する住民の根源的な疑問には、次のようなものがあった。

「霞ヶ浦ふ頭のコンテナ機能は今のままでは本当に将来パンクするのか」
「それに対して増強しなければならないのか」
「そもそもコンテナ埠頭を強化しなければいい」
「なぜこういうものが必要か」
「港湾も本当に必要なのか」

これらの疑問は次のような結論に直結する。

「コンテナ埠頭そのものをやめればいい」
「コンテナ機能の増強の必要がないなら、環境影響評価をする必然性もない」

※12　生物多様性条約第10回締約国会議（COP10）：生物多様性条約（CBD）の10回目となる締約国会議（COP）。平成22（2010）年10月に開催され、遺伝資源の採取・利用と利益配分（ABS）に関する枠組みである「名古屋議定書」や、生物多様性の損失を止めるための新目標である「愛知ターゲット」などが採択された。

※13　持続可能な開発のための教育（ESD：Education for Sustainable Development）に関するユネスコ世界会議：ユネスコ加盟国から、閣僚級をはじめ約2,000人の参加を得て、「国連ESDの10年」を振り返るとともに、平成27（2015）年以降のESDの更なる推進方策について議論する会議。平成27（2015）年11月に開催された。詳細は以下のホームページ参照。
http://www.unesco.org/new/jp/unesco-world-conference-on-esd-2014/

「霞ヶ浦ふ頭が国道と霞大橋一本でつながり、それがボトルネックとなって渋滞を引き起こしていることが問題なら、それを解決するのではなく、霞ヶ浦ふ頭を無くせば、渋滞問題は解決する」

そうした声に対し、説得力を持つ、合理的な根拠が求められた。交通量が増加するということだけが理由なら、「交通量を増やさないためにはどうしたらいいか」を検討すれば良い。交通量が増えるということは、環境保全の観点から反対する人たちへの説得力にはならない。

調査検討委員会の基本的なスタンスは、「経済が減速しているのだから港湾貨物も減り、コンテナ増強が不要だ」というのではなく、逆に、「経済の減速を防ぐために必要だから、このプロジェクトをやめてしまうことはできない」であった。これは、林が1980年代中半にリーズ市（北部イングランドのヨークシャー地方)、1990年代にドルトムント市（中部ドイツのルール地方）の、かつて世界の工場と呼ばれた地方の一角を占めて繁栄したが、その後大きく衰退した２つの工業都市に住んだ経験からそう考えたのである。

しかし、地域住民や高松干潟を守ろう会の「霞４号幹線は本当に必要なのか」、そして「コンテナ機能を増強する必要はない」、だから「霞４号幹線はつくらない」という思いを受け、調査検討委員会は「ゼロ代替案」を残した議論から始める体制を整えたのである。

第3章

多様な立場の人々（ステークホルダー）の意見を如何に拾い上げるか

1　多様な立場の人々の意見を聴く意味

あるプロジェクトが提示されると、そのプロジェクトに対するいろいろな利害関係者（ステークホルダー）の存在が明らかになる。高度成長期には、とにかく貧しさから脱出することが日本全体の願いで、日本の今までのインフラはそのために造られてきたと言っても過言ではない。ところが、インフラだけでなく工業開発が進むにつれて、貧困から脱却できた反面、負の側面も生まれるようになった。その最たるものの一つが大気汚染で、石油化学工場が立ち並ぶ四日市はその典型となった。民間の工業施設だけでなく、道路、鉄道、空港などの公共インフラの整備ももちろん貧しさから脱出する大事な要素だった。だが、その建設や運用をしていくと、やはり負の側面がたくさん出てくる。

何かをつくろうとすると、恩恵を被る人、ダメージを被る人がでる。だからこそ、ありとあらゆる立場の人の意見をすべて拾い上げる努力をすることは、霞4号幹線の計画を検討する上で非常に重要だった。

2　多くの意見を拾い上げるための工夫

意見を聴く地域を決める

実際、多様な立場の人々の意見を拾い上げると言っても、その範囲をどこまでにするのかを決めることは、簡単なことではない。一般的に、ワーキンググループなどで検討を始めると、「地域とはどの範囲？」という疑問が必ず出てくる。公共事業の場合、当該地域の税金を使用して工事するため、その地域以外に居住する人が意見を言えないことが多い。税金投入の額が大きければ大きい事業ほど、「地域とはどの範囲を指すのか」「地域代表はどこから出すのか」という問題は、大きな課題となる。

幸い、霞4号幹線の場合、対象となる地域が四日市港周辺だったこともあり、川越町全域および近隣のコミュニティーである四日市市富洲原地区（天カ須賀一～五丁目、住吉町、富田一色町、平町、富洲原町、松原町、富双二丁目、天カ須賀新町）の住民（15歳以上）、道路利用者として霞ヶ浦ふ頭および天カ須賀新町企業団地、川越町工業団地の全企業を対象とした（図10）。「意見を聴取する対象となる地域とはどこか？」という問題はまとまりやすかった。

図10　住民意見を収集した地域

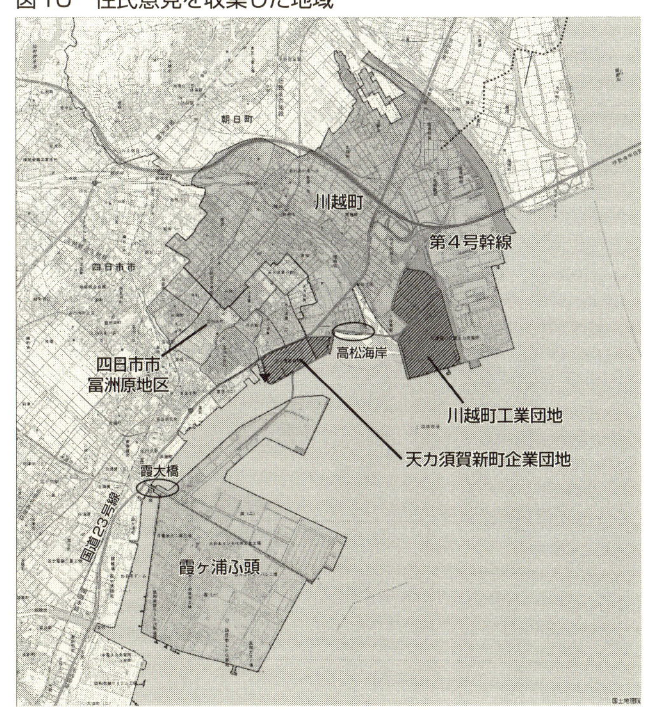

公開で問題意識を全部さらけ出す

調査検討委員会や、その下部組織として設置した専門部会では、情報提供、意見収集、アンケート、意見募集、ヒアリングなど様々なアプローチにより、ステークホルダーの納得を得ることを目指し、可能な限りきめ細やかな対応を試みた（コラム5）。海岸や干潟の生物の問題、景観あるいは住環境としての大気汚染や騒音・振動の問題など、千差万別の立場の人たちがどんな問題意識を持っているのか、それぞれの立場で感じていた問題点や懸念材料を、様々な手段で出し尽くしてもらい、全部テーブルの上にさらけ出してもらう必要があったからである。

特に、公開で問題意識を全部さらけ出すというプロセスは、この後に続く多様な立場の人々と折り合いをつけていくための土台として構築できたという点でも、とても重要だった。

コラム5 《多くの意見を拾い上げるための工夫》

アンケート調査や自由意見の募集など、多様な立場の人々の多くの意見の拾い上げは、次のような方法で行っていた。

●アンケート調査（3回実施）
・郵送による配布・回収
・1回目：平成13（2001）年2月26日～3月10日（延べ13日間）

霞4号幹線に関わる周辺住民の意見を把握し、以後の調査検討作業の参考にするために実施。霞4号幹線調査検討区域周辺の住民（川越町および四日市市富洲原地区15歳以上の無作為抽出2,500人＋霞ヶ浦ふ頭、天カ須賀新町企業団地の企業1社あたり3名に依頼）を対象。

※回収結果

	発送数	回収数	有効回収数	有効回収率（%）
住　民	2,500	725	724	28.9
企　業	159	89	89	55.97
計	2,659	814	813	30.58

・2回目：平成13（2001）年11月28日～12月10日（延べ13日間）

企業活動と道路利用、周辺の道路に関する感想、霞4号幹線についての意見を把握するために実施。霞4号幹線調査検討区域（霞ヶ浦ふ頭、天カ須賀新町企業団地、川越町工業団地）に立地する全企業80社の経営者を対象。

※回収結果

発送数	回収数	有効回収数	有効回収率（%）
80	60	59	73.8

・3回目：平成14（2002）年8月1日～8月15日（延べ15日間）

最も望ましいルートの選定に反映するために実施。霞4号幹線調査検討区域周辺の住民（川越町および四日市市富洲原地区15歳以上の無作為抽出2,500人＋企業80社の経営者）を対象。

※回収結果

区分	①配布数	回収票		有効票	
		②票数	回収率（%）（②/①）	③票数	有効回収率（%）（③/①）
川越町	1,400	379	27.1	360	25.7
四日市市	1,100	339	30.8	319	29.0
不明	—	2	—	2	—
小計	2,580	720	28.8	681	27.2
企業	80	55	68.8	51	63.8
合計	2,580	775	30.0	732	28.4

図11　アンケート用紙（住民用）

住民用

かすみ4号幹線計画についてのアンケート調査のお願い

四日市港は、中部圏の代表的な国際貿易港として発展してきました。一方地域社会の生活や産業の営みも、港と深く結びつきながら発展してきました。四日市港管理組合では、今後とも港の機能をますます強化することによって、地域社会と共にさらなる発展を目指しています。

かすみ４号幹線は、今後とも増大する霞ケ浦地区の港湾貨物をスムーズに取扱うために必要な道路です。四日市港管理組合では、「霞４号幹線調査検討委員会」を設置し、さまざまな面からこの道路計画の検討をすすめています。

このアンケートは、委員会が周辺の皆さんのお考えをお聞きし、計画の参考とさせていただくためのものであり、川越町全域、四日市市富洲原地区にお住まいの１５歳以上の方約２，５００人にお願いしています。

調査結果は、他の目的に使用したり、あなたのお名前や回答内容が直接公表されるなど、ご迷惑をおかけするようなことは一切ございませんので、質問項目については思ったまま、感じたままをお答え下さい。

調査趣旨をご賢察いただき、何卒ご協力いただきますようお願い申し上げます。

なお、同封いたしましたリーフレットは、アンケート調査回答の参考としてご覧いただければ幸いです。

敬具

平成１３年２月　霞４号幹線調査検討委員会
事務局　四日市港管理組合

かすみ４号幹線　アンケート調査票

問１．あなたが通勤、買い物、仕事のために日頃利用している交通手段のうち主なものを次の中から１つ以上選んで○印をつけてください。

１．徒歩　２．自転車　３．路線バス　４．自家用車　５．業務用車　６．鉄道　７．その他

（その他の手段の方は右にお書きください）＿＿＿＿＿＿＿＿＿＿

問２．あなたがお住まいの地域の道路について感想をおたずねします。
各問について該当するところに１つ○印をつけてください。

①あなたは、日常生活や仕事をとおして利用している現在の道路状況に満足していますか　（１．満足　２．どちらでもない　３．不満足）

<①で「不満足」とお答えになった人のみ②についてお答え下さい。
それ以外の人は問３に進んでください>

②あなたがお住まいの地域に、地域の人も利用できる新しい道路が必要と思いますか　（１．思う　２．どちらともいえない　３．思わない）

<②で「思う」とお答えになった人のみ③についてお答え下さい。
それ以外の人は問３に進んでください>

③新しい道路は、あなたの生活や仕事に役立つと思いますか

１．役立つ
２．どちらともいえない
３．役立たない
４．その他（ご意見がある場合は下にお書きください）

＿＿＿＿＿＿＿＿＿＿
＿＿＿＿＿＿＿＿＿＿
＿＿＿＿＿＿＿＿＿＿

④新しい道路は、環境への影響が多少あってもつくるべきと思いますか　（１．思う　２．どちらともいえない　３．思わない）

問３．港と道路についておたずねします。

＜各問について該当するところに１つ○印をつけてください＞

①あなたがお住まいの地域社会は、港と深くかかわっていると思いますか

1．思う
2．どちらともいえない
3．思わない
4．その他（ご意見がある場合は下にお書きください）

②道路も港の機能を支える重要な施設の一つだと思いますか　（ 1．思う　2．思わない　3．分からない ）

③かすみ４号幹線の計画について関心はありますか

（ 1．非常にある　2　少しある　3．あまりない　4．まったくない ）

問４．港とまちをむすぶ道路づくりについての感想をおたずねします。

4．1　港の道路として、これからめざしていくべき事柄をお聞かせください。次の①～⑤の各項目についてどのように思われますか。右の欄の該当するところに○印をつけてください。

【回答例】重要とお考えの場合	非常に重要 1	重 要 2 （○）	重要でない 3	考えなくてよい 4

	非常に重要	重 要	重要でない	考えなくてよい
①地域のシンボルとなるような道路や橋のデザイン	1	2	3	4
②人の健康や安全への配慮	1	2	3	4
③人や車の通行だけでなく、様々なことに利用できる道路〔例：お祭り、スポーツイベント、並木や花壇の観賞〕	1	2	3	4
④効率的に道路利用がおこなわれる道路網〔例：バイパスや自動車専用道路、歩道と車道の完全な分離〕	1	2	3	4
⑤水辺や動植物などの自然生態系との共存	1	2	3	4

4．2 めざすべき道路をつくるにあたって、気をつけるべき事項をお聞かせください。次の①～⑥の項目についてどのように思われますか。右の欄の該当するところに○印をつけてください。

	非常に重要	重 要	重要でない	考えなくてよい
①安価な道路づくり	1	2	3	4
②渋滞をへらし、車の流れをスムーズにすること	1	2	3	4
③道路の美しさや車窓からの眺めなどの快適性	1	2	3	4
④道路情報通信施設〔例：障害者の誘導や渋滞情報等の提供〕	1	2	3	4
⑤道路利用上の安全性	1	2	3	4
⑥道路づくりにともなう家屋等の移転数を減らすこと	1	2	3	4

4．3　めざすべき道路づくりにおける環境への配慮について、どのように思われますか。次の①～⑤の項目について、右の欄の該当するところに○印をつけてください。

	非常に重要	重 要	重要でない	考えなくてよい
①道路沿線での大気や振動、騒音の対策	1	2	3	4
②道路沿線に生息する鳥、魚、昆虫などの生態系との共存	1	2	3	4
③皆が親しんでいる河川、海岸、緑地などの保全	1	2	3	4
④道路周辺の景観との調和	1	2	3	4
⑤近所との行き来などに使っている道路を分断しないこと	1	2	3	4

4．4 めざすべき道路の景観やデザインについてどのように思われますか。次の①～③の項目について、右の欄の該当するところに○印をつけてください。

	非常に重要	重 要	重要でない	考えなくてよい
①地域のシンボルとなるような斬新なデザイン	1	2	3	4
②周辺の景観と調和したデザイン	1	2	3	4

問５．かすみ４号幹線に関するあなたの御意見をご自由にお書きください。

最後に、あなたご自身のことについておたずねします。該当するところの番号に○印をつけてください。その他にあてはまる場合は、カッコ内にご記入ください。

① 性 別	1．男　2．女
② 年 齢	1．10歳代　2．20歳代　3．30歳代　4．40歳代 5．50歳代　6．60歳代　7．70歳代　8．80歳以上
③ 職 業	1．学生　2．会社員　3．公務員　4．自営業　5．主婦 6．パート・アルバイト　7．無職　8．その他（　　　）
④ 居住地	四日市市富洲原地区 1．天カ須賀一丁目　2．天カ須賀二丁目　3．天カ須賀三丁目 4．天カ須賀四丁目　5．天カ須賀五丁目　6．天カ須賀新町 7．住吉町　8．平町　9．富洲原町 10．富田一色町　11．富双二丁目　12．松原町
	川越町 13．当新田　14．北福崎　15．亀須新田 16．亀崎新田　17．上 吉　18．南福崎 19．豊田一色　20．高 松　21．豊 田 22．天 神
	23．その他（　　　）
⑤ 居住年数	1．1年未満　2．3年未満　3．5年未満　4．10年未満　5．10年以上

ご協力ありがとうございました。調査は以上で終わりです。本票を返信用の封筒に入れて投函ください。切手は不要です。

●自由意見の募集
（平成13（2001）年3月5日〜3月30日）

・アンケート調査対象者以外の住民から広く意見を収集するため、リーフレットに自由意見が記入できるハガキを刷り込み、新聞の折り込みや市・町の行政機関に平積みを行った（17,100部）。

※回収結果

性別		居住地		年齢	
男	106	川越町	17	〜19歳	16
女	53	四日市市	112	20〜64歳	117
不明	4	その他	25	65歳〜	28
—	—	不明	9	不明	2
計	163	計	163	計	163

図12　自由意見の募集のハガキを刷り込んだリーフレット

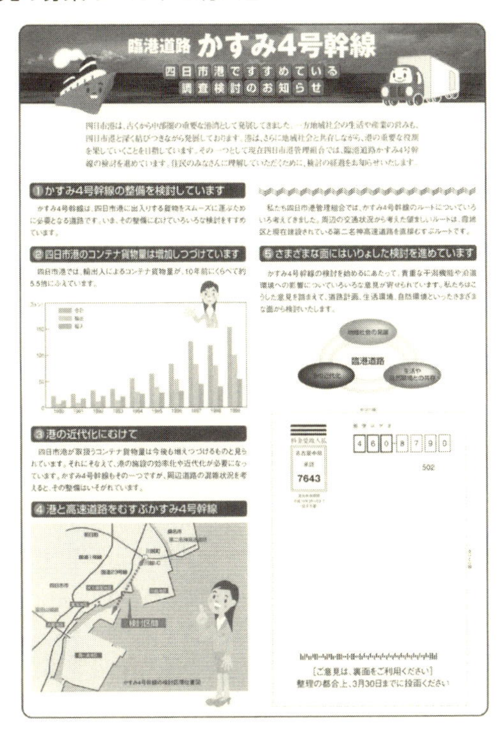

●パブリックヒアリング（地元の意見収集）

（平成13（2001）年9月3日、9月12日）

・専門部会である「評価システム部会（第5回、第6回）」に出席し、各団体の霞4号幹線計画への意見を表明。

・四日市市天カ須賀連合自治会、天カ須賀新町企業団地運営協議会、川越工業団地連絡協議会の代表者および財団法人日本野鳥の会三重県支部、はまひるがおの会、高松干潟を守ろう会の3団体の代表者が参加。

図13　パブリックヒアリング（地元の意見収集）の告知（四日市港管理組合ホームページ掲載時）

皆さんに、調査検討内容をより一層ご理解いただくため、委員会や部会を公開いたします。ただし、個人や法人のプライバシーに関わる情報等を取扱う場合は、非公開とします。会議の公開・非公開は、ホームページ及び四日市港ポートビル1階掲示板でお知らせします。

会議の公開のお知らせ

●霞4号幹線調査検討委員会　第5回評価システム部会
●日　　時：　平成13年9月　3日（月）午前10時～
●場　　所：　四日市港ポートビル7階　第2会議室
●主な議題：　「地元の意見収集・・・自治会、工業団地、企業団地」
　　　　　　　「ホームページによる意見募集の実施について」

※会議は公開します。
※傍聴を希望される方は、8月31日の17時までに事務局にご連絡願います。なお、会議室の大きさによっては、人数を制限する場合がありますので、お早めにお申し込みください。
※会議中の発言、写真やビデオ等の撮影、録音はご遠慮願います。
※会議の内容が個人や法人の情報など公表できない内容に及ぶ場合は、途中傍聴をご遠慮願う場合がありますので、あらかじめご承知おき下さい。
※傍聴される方には当日議事次第をお渡しします。

【お問い合わせ先】

霞4号幹線調査検討委員会事務局　四日市港管理組合　技術部企画課

●ホームページでの意見募集

（平成13（2001）年9月10日～9月28日、10月22日～11月20日）

・ホームページ掲示板に、字数制限を設けた自由意見を募集掲載

・4つのテーマ（霞4号幹線と生活や産業の営みとの関係について、干潟をはじめとする自然環境の保全について、将来の港と臨港道路のイメージについて、道路づくりやルート選びにとって大切なこと）に集約して例示

※回収結果：11件

図14　意見募集欄開設の告知（四日市港管理組合ホームページ掲載時）

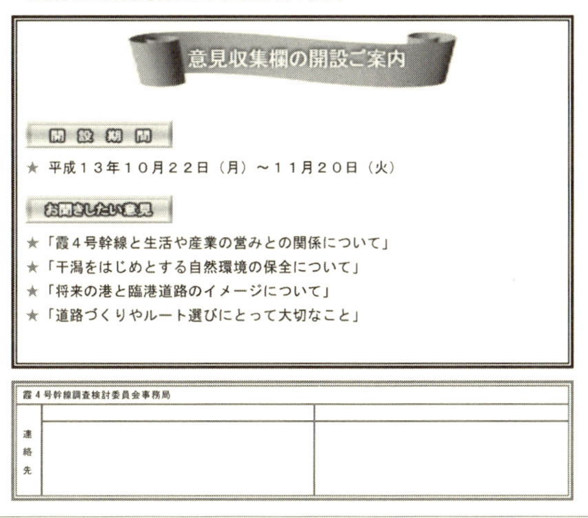

本委員会では、かすみ４号幹線に対し、今までに実施してきた周辺住民の意見募集に加えて、より広い範囲の住民の皆さんのご意見を収集し、調査検討の参考にさせていただくために、意見募集欄を次の要領で開設いたします。

●意見募集欄は、一定期間オープンしますので、下記の「お聞きしたい意見」についてご意見をお寄せください。
●原則としてお寄せいただいた意見などは全て掲示板に掲載する予定ですが、住民相互の意見交換のための利用や個人のプライバシーに関わる事項、誹謗中傷にあたるご意見などは掲載を見合わせる場合があります。

意見収集欄の開設ご案内

開設期間

★ 平成１３年１０月２２日（月）～１１月２０日（火）

お聞きしたい意見

★「霞４号幹線と生活や産業の営みとの関係について」
★「干潟をはじめとする自然環境の保全について」
★「将来の港と臨港道路のイメージについて」
★「道路づくりやルート選びにとって大切なこと」

霞４号幹線調査検討委員会事務局

連絡先

●意見交換会

（平成14（2002）年９月29日、平成14（2002）年10月５日）

・委員会委員長および委員会メンバーの代表者
・平成13（2001）年９月開催のパブリックヒアリング参加自治会および団体の代表者
・その他周辺自治会代表者
・将来臨港道路のユーザーとなる調査検討対象地域周辺の従業者
・一般公募による住民（応募者から、１回につき３名を抽選）
　※一般公募の募集は、「意見交換会への参加者募集のお知らせ」を用いて、臨港道路霞４号幹線ホームページ、四日市市広報、川越町ケーブルテレビ、四日市港管理組合掲示板により実施。
・調査検討委員会事務局
　※応募者：13名

図15　意見交換会への参加者募集の告知（四日市港管理組合ホームページ掲載時）

意見交換会への参加者募集のお知らせ

調査検討委員会では、住民のみなさんとの意見交換をとおして得られた情報も加味して最適なルートを選定するために、意見交換会実施要綱に基づき意見交換会を開催します。

住民のみなさんにも参加していただけるよう、次の要領で一般公募します。

なお、一般公募者以外にも参加者欄の方々に、参加いただきます。

申込要領

★募集人数　1回につき3人

※応募者多数の場合は、「臨港道路霞4号幹線調査検討委員 会　第13回評価システム部会」で公開抽選します。

★申込方法　9月3日（火）までに「電話」または「はがき」にてお申し込みください。（「電話」は当日午後5時まで、「はがき」は当日消印有効です。）

※「はがき」による申し込みの場合は、①郵便番号、②住所、③氏名、④年齢、⑤性別、⑥昼間の連絡先、　⑦参加希望日（第一希望日：〇月〇日、第二希望日：　〇月〇日）を必ずお書きください。

★申し込み先　〒510-0011　三重県四日市市霞二丁目1－1
四日市港管理組合技術部企画課
霞4号 幹線調査検討委員会事務局

★そ　の　他　募集締め切り後、参加していただける方にはご連絡します。

☆意見交換会☆

■開催日　①平成14年　9月29日（日）午後1時30分～3時30分
②平成14年10月　5日（土）午後1時30分～3時30分
※参加者は、上記2回の意見交換会のいずれかに出席していただきます。

■場　所　四日市港ポートビル内会議室

■開催テーマ　霞4号幹線を考える
「地域の産業道路や自然環境、生活環境を考える」

■参加者　検討委員会委員、
平成13年9月開催のパブリックヒアリング参加者
周辺自治会代表、周辺地域にお勤めの方、一般公募による住民

■会議の公開　会議は別室のモニターによって公開します。

■会議規則　会議の進行にご協力いただくため、簡潔な発言や司会者の指示に従うことなど、一般的規則を意見交換会実施要綱として定めています

図16　意見交換会実施要領

霞4号幹線調査検討委員会　意見交換会実施要綱

第1条 調査検討委員会が実施する、最適ルート選定のための総合評価にあたっての参考とすることを目的として、委員会と地域住民などとの意見交換会を開催する。

（主催者）
第2条 意見交換会は、霞4号幹線調査検討委員会が主催するものである。

（開催時期、回数）
第3条 意見交換を実施するにあたって参考となる道路及び橋梁計画の概要、供用後の環境影響予測結果、道路整備イメージが作成された時点において、2回開催する。なお、開催日は平日の夜間、土曜日、日曜日とする。

（開催テーマ）
第4条 開催テーマは、各回共通で下記のものとする。
霞4号幹線を考える「地域の産業道路や自然環境、生活環境を考える」

（参加者）
第5条　意見交換会の参加者は、以下のものとする。
1）委員会委員長及び委員会メンバーの代表者
2）平成13年9月開催のパブリックヒアリング参加自治会及び団体代表者
3）その他周辺自治会代表者
4）将来臨港道路のユーザーとなる調査検討対象地域周辺の従業者
5）一般公募による住民
6）調査検討委員会事務局

（一般住民及びユーザーの選定）
第6条　意見交換会参加住民の公募は、ホームページ、市・町の広報、四日市港管理組合掲示板によって募集する。

（意見交換の主体）
第7条　意見交換は参加住民及び委員にて行う。なお事務局は参考情報を提供する。

（人数）
第8条 1回あたりの出席者数は、参加者全員が平等に発言する機会を持ち、多数意見に左右されない発言による会合とするため、8～10人を目安とする。

（会議の選択）
第9条 参加予定者に予め開催予定日（2日間）の中から希望日（第1候補日及び第2候補日）を送付してもらう。目安とする8～10人を超過する場合は事務局で候補日の上位から選択する。

（開催時間）
第10条 議論の繰り返しを避け、かつ公平に発言機会を与えるために開催時間はおおむね2時間とする。

（会場）
第11条 会議の会場は、原則として四日市港ポートビル内会議室とする。

（会議の公開・非公開）
第12条 会議は公開とする。ただし傍聴の方法は別室に設置するモニターによる傍聴とする。

（議事録）
第13条 発言内容を議事録として公開する。ただし発言者氏名は記載しないこととし、発言内容の個人名などのようにプライバシーにかかわる事項、及び誹謗中傷する発言は削除する。

（会議規則）
第14条 参加者は、意見交換会の目的を達成するために次の規則に従うこととする。
1）司会者は委員の中から選出する。
2）発言は司会者の指示、指名に従う。
3）発言は一人一回3分以内とし、簡潔に意見や要望を述べる。
4）個人や特定の団体等の誹謗、中傷を禁止する。
5）限られた時間内（おおむね2時間を目安とする）で行うために、残された意見等はコメントカードに記入して提出する。事務局はこれらカードを出席者に送付する。

各団体から１人だけが発言できる「意見交換会」の意義

地域住民に対する意見聴取の方法のうち、特に、意見交換会は効果的だった。これはミュンヘン空港の事例を参考にして行ったものである（コラム６）。

２回に分けて行われた意見交換会では、１つのステークホルダーからの代表者は１名に限定し、発言時間も１人３分程度とした。また、意見交換会の会場は、各ステークホルダーの代表者が入れる程度の広さとし、意見交換会の傍聴を希望した者には、別室で中継された様子を見ることができるようにした。

後にして思えば、この意見交換会の方法は実に効果的だった。つまり、意見交換会の参加人数を制限することで、人数の多い団体の意見に引きずられることなく、正常な議論を行うことができた。さらに、各ステークホルダー内で議論を重ねた代表者の発言は、非常にコンパクトで、わかりやすい内容に整理されていた。また、会議の様子が中継されている（傍聴者に見られている）という意識が、「自己中心的な主張だけではだめだ」という思いにさせたのである。

これが、結果として、誰かが感情的になることもなく、誰かがずっと発言し続けることもなく、「同じテーブルに着いて議論しよう」という雰囲気の意見交換会になった。さらに、霞４号幹線の整備で、「何が対立軸になっているのか」ということを浮き彫りにすることができたので、各ステークホルダーの考えを相互に理解できる場にもなったのである。

このような意見交換会は、今後いろいろな公共事業で取り入れていったらよいのではないだろうか。

コラム６　《ドイツ・ミュンヘン新空港整備における反対運動と合意形成の事例》

ドイツのミュンヘン空港は開港まで38年間、建設を推進するバイエルン州政府と建設に反対する地元フライジング市は対立してきた。開港後も、地元のフライジング市はミュンヘン空港を都市計画図に掲載していない。双方が険悪なのかと思ったら、そうでもない。「さんざん議論し尽くした。相手の意見は変えられない。

しかし、相手が何を考えているかを知り尽くした」と最後の最後に言ったのだった。

ミュンヘン空港の事例では、相反する主張を、いろいろなネゴシエーションを通じて歩み寄っている。例えば空港全体をビオトープ化するという案も出ている。空港は全部で1,500ha、ターミナルビルも長さ1km以上あるので、巨大な異物が出現することになる。だから空港ビルをなるべくガラス系にして、スティール部分も白っぽい色にすることで、異物感を緩和し、存在感があり過ぎないような工夫がしてある。また一方で、地域の下水道を全部そこで処理するようにした。なぜなら、空港では油など大量の下水処理が必要なので、周辺の家庭や工場の下水処理ぐらいは一緒に行う能力を持たせることができるからだ。

ドイツのように成熟してきている国では、お互いの折り合いをつける場合、「何が何でもやる」あるいは「何もやりません」の「オール・オア・ナッシング」はもう許されない。可能な限り情報を出して、どこで折り合いつけるかを立体的にみんなが見られるようにする方法をとっていく。これをやらずにプロジェクトを進めると、結果、とてつもなく大変で、みんなが大損することになることを国民がわかっているからだ。

（出典：林良嗣、田村亨、屋井鉄雄共著『空港整備と環境づくり：ミュンヘン新空港の歩み』（鹿島出版会、1995）

3　同じ意見は一つとしてない

地元には、多様な立場の人々（ステークホルダー）がいる。つまり、沿道住民の意見とはいっても、防潮堤近くの住民とそうでない住民とでは利害が異なるため、各々が思うところは細部で異なっていた。また、川越町の住民、天カ須賀地区の住民、朝明川周辺の住民など、住民の居住エリアの違いによっても意見は随分違っていた。例えば、国道23号線における既存の交通量の増加から生じる健康上のいろいろな問題（振動、大気汚染など）が緩和できるなら、霞4号幹線はむしろ必要だ、という住民もいた。この他、川越町の住民の中には、環境問題よりも事業で地域がどれだけ潤うか、という視点で意見を述べる人もいたのである。

また、環境問題という一つの同じ話題であっても、環境関係の団体（建設に懸念を示した環境保全団体には「高松干潟を守ろう会」「日本野鳥の会三重」「四日市ウミガメ保存会」などがあった。）の考え方は様々であった。ヘッドライトによる鳥への影響を懸念した日本野鳥の会三重の意見や、高松干潟にやってくるウミガメへの影響を懸念する地元NPO団体の意見があった一方で、「干潟を守りつつ、地域住民に開放すべきだ」という意見もあった。

こうして、様々な方法で拾い上げた霞４号幹線事業に関する住民意見の概要は大きく３つになる。

《住民意見の３つの概要》

①霞４号幹線自体が地元の利便性もなく、また、自然や生活への環境負荷が大きく迷惑で無用な道路なので、建設には反対である。

②建設するとした場合、予算の効率的執行と自然や生活への環境に対する選択肢から考えて、全線（４km）計画に対し、途中で国道23号線に直接接続した方が効果的であり、地元の利便性が向上する。

③四日市市や川越町の地域は、とりわけ過去の風水害（伊勢湾台風など）での多くの死者を含む甚大な被害体験から、霞４号幹線事業を機に海岸堤防の嵩上げ補強を求める意見が、地元自治体を含めて極めて強い。

しかし、収集した意見を細かく見ていくと、

・生活環境、自然環境、利便性などへの期待
・健康や安全、効率的な道路利用、自然生態系保全が重要、環境への影響は反対
・周辺道路の渋滞解消への期待、計画内容が充分知らされていない、住民の意見が計画に反映されていないことへの不満
・干潟のもつ機能保全、教育の視点、景観への配慮、大気汚染の拡大、企業敷地保全への懸念
・整備時の生産活動や生活環境への影響懸念
・堤防機能を持った道路づくり
・道路整備に伴う費用負担、道路整備の必要性等の事業計画や事業の進め方

・今後とも港湾貨物の取扱量が増えるのか疑問で、道路は必要ない
・国道道路建設のメリットが感じられない

など多岐にわたり、建設反対のゼロ案も含めたキーワードで整理すると、約20にもなった（表５）。

このように、霞４号幹線に対する意見は、同じものは一つとしてなく、また建設に対しても、反対一辺倒というわけではなかった。霞４号幹線事業について議論を進める上で、このような多岐にわたる住民意見を収集できたことは非常に意味のあることであった。

表５　霞４号幹線整備に対する主な住民意見の20のキーワードとその内容

キーワード	内　容
環境保全	干潟には水質浄化機能がある
	干潟、海岸の保全
	干潟、海岸の地形の保全
	住民にとっての憩いの場である海岸の保全
	高松海岸の保全、リニューアル等環境への配慮を
	美しい海岸と朝明川の砂を残したい
景観保全	長良川河口堰のようにならないように、景観にマッチしたものを
	神戸や横浜港のように誰もが美しいと思う港を目指して欲しい
	高松海岸などの自然的景観の保全
	近代港湾と自然海岸が共存する美しい景観の保全
公害防止	地盤沈下が更に進むのではないかと恐れている
	沿道における日照時間の確保
	排気ガス、騒音、振動の影響防止
	建設期間を短く
	コンテナ車とタンクローリー車、プロパン車等によって公害問題がまた出る
	国道23号の近くでは、大気汚染で網戸が黒くなり、振動で夜中に目が覚める
	騒音、ほこり、排気ガスが広範囲に拡散するのではないかと心配している
	排気ガスによって太陽光が遮られ作物に害が出やすい
生態系保全	干潟は多様な生物生息の場である
	鳥に対するヘッドライトの影響には、遮光板がある程度効果的ではないか
	ウミガメの足跡が確認されているが、夜間明るく産卵に至っていない
	高松海岸は渡り鳥にとっては重要な干潟である
	高松海岸は、四季折々に鳥たち、浜の植物、水の生物と遊ぶことができる
	伊勢湾全体の鳥の移動に対して影響を及ぼすのではないか
	ヘッドライトや道路照明は鳥の飛行に大きく影響する
地域の将来像	地域社会のシンボルとなるような道路づくりを
	21世紀の港のイメージ形成
	デザインなどを斬新にしてこの地域のシンボルにしたい
教育	霞4号幹線計画を教育問題の視点から考えて
	高松海岸は、かけがえのない自然環境の場、学習の場である
まちづくり	周辺の土地利用へ貢献する道路づくり
防犯	暴走族が走らない道路づくり
	暴走族が走らないような環境づくりを
防災	雪や地震に強い道路づくりを
	海岸堤防の防災役も重要なポイントである
	防波堤のような感じで、水害にも効果的なものを
	大規模災害時に港湾を拠点とした緊急物資輸送路となる道路建設
	大規模地震にも耐えられる構造の道路建設を
	防災上代替アクセスが必要である

キーワード	内　容
調和と共存	自然と調和した道路建設を
	周辺と調和した道路デザインとする
	「緑の帯」によって市街地環境と共存できる道路づくり
住民・地域の利用	住民も利用できる道路づくり
	地元も利用できる道路に
地域交通	周辺の交通事情改善への貢献
	全長5kmの道路がどれだけ渋滞緩和に寄与するのか
	周辺の道路混雑が緩和できる道路に
	この道路への出入り口で渋滞が起こらないようにして欲しい
地域振興	工業団地内の道路、交差点との関係はどうなるのか
	大型車両が多いので、直結化、立体化が望ましい
	企業の出入り口との関係はどうなるのか
	企業活動の増進のために、臨海部相互を結ぶ道路に
？	第2名神が完成しないと車の流れがどのようになるのかわからない
	都市計画道路との整合性を図って欲しい
	通過交通専用の道路とならないように
	都市計画道路との二重投資にならないように

キーワード	内　容
負荷の少ない道路づくり	経済的な道路づくりを（税金の無駄遣いをしないように）
	多少費用はかかっても、長い目で見て将来的にも役立つ計画を
	建設期間を短く
	梁部を少なくすれば、建設コストはさげられるのではないか
	資源・エネルギー負荷に配慮した道路づくり（リサイクル）
生活利用道路の充実	歩道橋をつけて欲しい
	一般の人達も安心して利用できる道路に
	緑を多く取り入れて車や徒歩、自転車で通っても心地よい空間を
	地域社会の道路を分断しないで、高架でつくって欲しい
	老人、幼児のための対策、地域の美化等充分な検討を望む
	有料になれば利用者が少なくなるので無料でないと意味がない
	仕事ばかりに使わずに、住民に親しんでもらえるようにして欲しい
	自転車で釣り場にいっているので、是非自転車道の新設も
	体育館や運動場に行くのに、この道を横断する。安全に配慮を

キーワード	内　容
産業道路の機能充実	大型車両が安全に通行できる道路を
	港湾貨物車両を中心とした道路利用に適した道路構造基準の適用
	事故や渋滞のもとになるので一般車両を通さない産業道路にして欲しい
	無料通行でトラック専用道路とすべきである
	無断駐車をさせないように
	信号の整備（減らすことも含めて）を考えて、無駄を無くした道路整備に
	大型車と普通車の区分けを
	高速道路を直結する道路建設を
道路必要なし	建設に反対
	これ以上道路はいらない
	国道23号との間の地域に住む者の意見としては反対（大気・粉じん）
	自然が少しでも破壊されるのであれば、新しい道路は必要ない
	今後とも港湾貨物の取扱量が増えるのか疑問
	現状維持
	渋滞を誘発する
	メリットが感じられない
	今の道路で充分
	23号だけで充分
	国道1号、23号、北勢バイパス、伊勢湾岸自動車道となり、これ以上道路は必要なし
	港と高速道路を結ぶなら、23号道路で充分

キーワード	内　容
港湾機能の強化と道づくり	コンテナ埠頭を中心とした外貿機能の充実・強化
	臨港交通体系の充実
	大規模地震災害時の緊急物資輸送拠点の確保
	地域住民生活に密着した物資を取り扱う内貿機能強化
道路は必要	霞ヶ浦ふ頭から内地へのアクセス道路の整備を
	霞コンビナートへのアクセス道路が現在1本しかない
	アクセスの便が悪いと貨物は集まらず、港は機能しない
	周辺道路の渋滞解消のため、早急な道路建設を

第4章

折り合いをつけるための様々な工夫

1　反対を理解し、課題を共有する

多様な立場の人々から拾い上げた意見とどのようにして折り合いをつけていくのか。調査検討委員会では、いろいろな工夫を行った。

まずは、すべての意見に耳を傾け、課題を共有した

日本は経済では成熟しているのに、公共事業を進める場合は、いつも賛成派と反対派の対立の構図になる。事業を進めていくためには、どこかで妥協や改良をしていかなければならない。そのプロセスが断ち切られないようにするためには、すべての意見に耳を傾けることが重要だった。

調査検討委員会では、意見が出されるたびに、それらすべてを専門部会ごとに分類し、対応方法について検討した。さらに、地域住民の発言に対して、きちんと応答してきた。たとえば、当時の住民アンケートによると、港湾の機能や役割と四日市の関係性を実感として意識している人は少なかった。一方で、幹線道路と自分たちの生活環境との関係性について、関心や問題意識を持っている人はきわめて多かった。これは当然といえば当然である。身近な問題はより身近な話題として感じる反面、港と都市となるとかなり大きな話になってくるので、実感覚があまりないというのが正直な回答だったのであろう。

ここで問題となったのは、四日市港がまちのためにどんなメリットがある

のかよくわからない、ということだった。だから、「四日市港のために霞4号幹線が必要」と言われたとき、身近な問題として自分の生活にどう関わってくるのか、というところだけに焦点が行くので、どうしても反対の立場からの意見が多くなってしまう。そこで、調査検討委員会の専門部会の一つである「評価システム部会」では、AHP（階層化意思決定手法）を用いて様々な立場の人々（ステークホルダー）の意見に重み付けをし、そこから得られる課題を共有しながら、議論の方向性を示していくことにしたのである。

この他にも、地元から「霞4号幹線のコンテナ輸送のためだけの通過交通ではデメリットばかりじゃないか、途中に降りるランプを造ってもらいたい」と要望があれば、交通量の専門家で構成される「道路計画部会」で検討した。また、「環境専門部会」では、「環境影響をできるだけ小さくするにはどうするか」を検討した。また、「事業主体が、道路完成後も高松海岸（干潟）の環境保全のために予算を確保し続けるのは難しい。だから、工事による環境への影響を可能な限り小さくするためには、多ステークホルダーの議論の場への積極的な参加が必要だ」という議論もあった。

当時の日本では、このような方法はほとんど採用されていなかった。意見を封じないということは、非常に重要なプロセスで、「こういう意見や感情がありますよ」というものをすべて整理することで、発言が無視されていない、と思ってもらえるようになった。そして、完全に不安や問題点を解消できる回答ではなかったとしても、そのことを全員が「問題として残っている」と認識することが、とても重要だった。

「反対は反対」「賛成は賛成」を理解する

調査検討委員会において、川越町の当時の担当者は「我々は要らない。伊勢湾岸も通っているし、北勢バイパスもあって道路だらけだ。我々はほとんど使えないのだから、本当に要らないんだ」と発言したことがある。

反対といってもいろいろな反対、対立がある。無用の対立を呼ぶことはない。自由に誰でも意見を言えるし、お互いが何を考えているのかも理解できる社会が、成熟社会である。だからこそ、すべての意見を出してもらうことを目指した。ただし、パーフェクトな結論はでない。では、どのようにすれば前に進んでいけるのか。その方法は、反対意見を丸め込むのではなく、反対意見の中で、致命的なものから順番に解決していくということではないだろうか。そのなかには、「事業をやめます」という覚悟をもって臨まなければならない場面も出てくるかもしれない。

推進・反対というのを二律背反で分けるのではなく、この二つをつなぐ「何か」を常時つくっておくことが必要だった。だからこそ、すべての意見に耳を傾けた上で、どこの部分で対立しているのか、ということをきちんと理解することが大事なのである。

信頼を得ることが必要

霞４号幹線の環境影響評価で整理された膨大な資料は、報告書としてすべて公開された。それは副次的効果ももたらした。たとえば、報告書には「干潟の生態系で守るべきものは何なのか」「どのような生物の調査をするべきなのか」を示したリストやその方法が示されている。高松海岸（干潟）を保全したいと望む人々にとっては、生態系の調査保全活動におけるガイドライン的なものとして、活動の参考にしてもらうことができる（資料編「海辺の生物保全対策ガイドライン」参照）。保全活動を行う人々にとって、このような報告書が提供されることは、予想していなかったかもしれない。

事業主体にも「なるべく従前のものに近い状況で高松海岸（干潟）を残していきたい。すべてとはいかないけれども、努力はしたい」という姿勢があった。調査検討委員会としては、善悪を色付けせず、必要な調査を行っているということを示すことで、高松海岸（干潟）を保全したいと望む人々の信用を得ることができたのではないだろうか。

一般の人でも理解できる方法を取り入れる

霞４号幹線の計画段階において、一般の人が見ることができた資料は、計画平面図や断面図だけである。専門家であれば、このような図面から、道路構造を理解することは容易である。しかし、専門家とは違い、一般の人々は完成後に「えっ、こんなに圧迫感があるの」という感想をもつことが多い。霞４号幹線は４車線で計画されているため、完成後の道路幅は広く、非常に圧迫感を感じさせる可能性があった。

評価システム部会では、パブリックコミュニケーションのツールとして、橋梁部や高架部の設計やデザインをコンピューターグラフィックでシミュレーションし、景観も含めて可視化することで、一般の人でもメリット・デメリットの両方を考えられるような仕組みを取り入れた（図17、図18）。

このような方法は、専門的知識の有無にかかわらず、様々な人々が霞４号幹線の理解を深める上で、一定の効果があったのではないだろうか。

図17　コンピューターグラフィックによるルート別の可視化（高松海岸東側出入り口側からの眺望の変化）

図18　コンピューターグラフィックによるルート別の可視化（川越町総合体育館側からの眺望の変化）

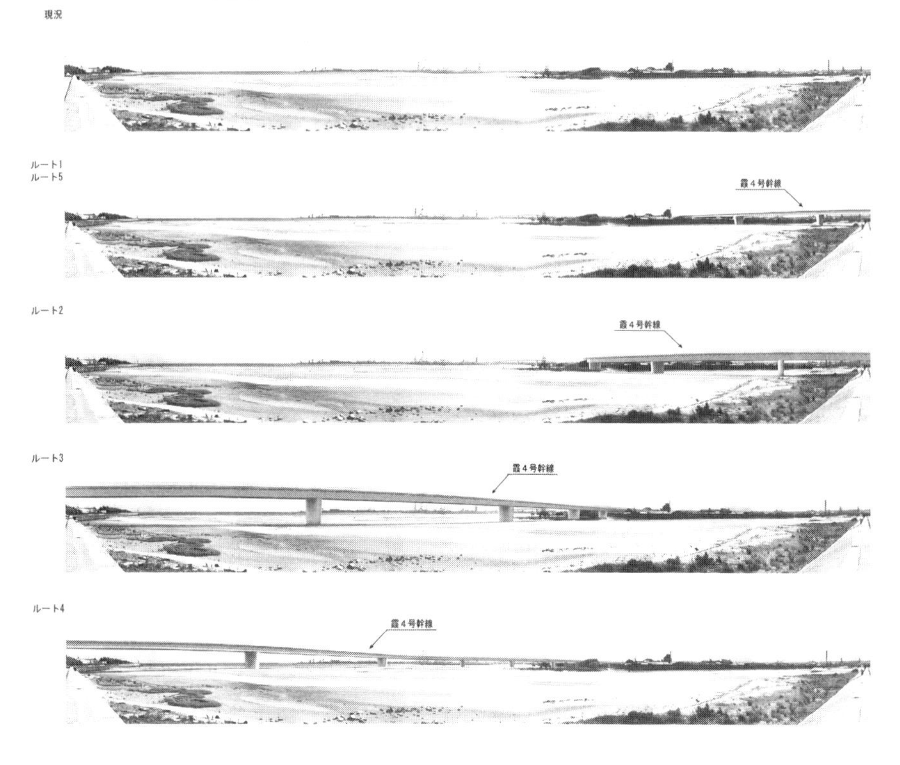

マスコミへの伝え方にも注意を払う

調査検討委員会では、反対者がいるということも含めて、ありのままを伝え、多様な意見を編集して一定方向にまとめて伝えるというようなことはしなかった。

一方で、マスコミは記者自身が「伝えたい主張」やカラーを持っていて、それに合わせたコメントを聴取したり取り上げたりする場合が少なくない。

当時、「三番瀬に続くことが格好いいんじゃないよ」と林はマスコミに対して発言している。「三番瀬」は、東京湾最奥にある貴重な干潟で、1,600haが残っている。古い時代には13,600haあったが9割が工業用地などとして埋め立てられた。平成5（1993）年、廃棄物や下水処理場などとしてさらに埋め立てる計画が千葉県から出され、地域住民による保全運動が高まった。平成11（1999）年には当初案の7分の1の埋め立てに縮小されたが賛同を得られず、平成13（2001）年、ちょうど霞4号幹線の意見交換会を行っていた期間中に白紙撤回されたものである。この出来事はマスコミにも大きく取り上げられ、地域住民活動の成功例として国民に認識された。

「三番瀬に続くことが格好いいんじゃない」という林の発言の真意は、経済・雇用を維持したい自治体、干潟利用者、環境の悪化を懸念する地域住民や日本野鳥の会三重など、霞4号幹線問題には多くのステークホルダーが存在し、千葉県の三番瀬の事例のように、無ければ無い方が好ましいゴミを受け入れるか否かという二者択一でやろうと思ったら解決しないという意味を込めていた。記者自身の考えを一度白紙に戻してもらい、何が問題かをフラットによく見てもらうことにとりわけ腐心していたのである。

2　地域住民の理解を得るための課題は残る

調査検討委員会では、多種多様な意見について折り合いをつけるために、常に情報をオープンにし、意見収集の段階からお互いを理解し合う流れをつくり、委員会活動への住民理解を積極的に求めながら議論を進めてきた。その住民等から寄せられた多様な意見は、道路計画の検討に活用されるとともに、霞4号幹線整備の計画理念や目標像を明らかにした『道路ガイドプラン』（後述）にも盛り込まれた。

しかし、ホームページや全戸配付のチラシ、広報紙など、様々な情報発信を行ったが（表6、図19）、それでも本当に「声なき声の人たち」まで、どれだけ情報が届いていたのかは不明である。それを裏付けるように、住民意見の中には「情報不足」との指摘もあった。

調査検討委員会では、地域住民の理解を得るために多くの取り組みを行ってきた。しかし、地域住民にとって完全な満足を得るためには、地域住民とのより一層の情報交換が重要であることが浮き彫りとなった。これは、霞4号幹線の『計画段階』の地域住民に対する取り組みに関する反省点であり、今後、様々な公共事業を進めていく上での重要な課題になるであろう。

表6　リーフレット（計5回配布）の配布方法など

配布方法	配布先		配布部数
■第１回リーフレット　平成13（2001）年			
行政機関平積み（3月5日～30日）	川越町内	川越町役場	200
		総合センター	200
	四日市市内	四日市市役所市民課	200
		富洲原市民センター	100
		富田市民センター	100
		羽津市民センター	100
		中部市民センター	100
		四日市市役所市民課窓口サービスカウンター（近鉄四日市駅１Ｆ構内）	100
		四日市港ポートビル	200
	計		1,300
新聞折込（3月5日）	四日市市富洲原地区及び川越町	中日新聞	9,400
		朝日新聞	4,200
		毎日新聞	1,000
		読売新聞	700
	計		15,300
アンケート調査票と同封郵送（2月23日～3月5日）	四日市市	富洲原地区	1,100
	川越町	全域	1,400
	霞ヶ浦地区	企業従業員	159
	天力須賀新町企業団地		
	計		2,659
合計			19,259

配布方法	配布先		配布部数
■第２回リーフレット　平成13（2001）年			
広報誌折込（10月1日～）	川越町内	「広報かわごえ（10月号）」に折込（10月1日、川越町発行）	4,300
行政機関平積み（10月22日～11月20日）	四日市市内	四日市市役所市民課	200
		各地区市民センター（23カ所）	2,300
		四日市市役所市民課窓口サービスカウンター（近鉄四日市駅１Ｆ構内）	100
		四日市港ポートビル	200
合計			7,100

■第3回リーフレット　平成13（2001）年

広報誌折込（12月1日～）	川越町内	「広報かわごえ（12月号）」に折込（12月1日、川越町発行）	4,300
行政機関平積み（12月3日～12月27日）	四日市市内	四日市市役所市民課	200
		各地区市民センター（23カ所）	2,300
		四日市市役所市民課窓口サービスカウンター（近鉄四日市駅1F構内）	100
		四日市港ポートビル	200
各戸配布	天カ須賀地区	連合自治会に手渡し	1,260
企業アンケート調査票と同封郵送（11月28日～12月10日）	霞ヶ浦地区	企業経営者	80
	天カ須賀新町企業団地		
	川越町工業団地		
合計			8,440

■第4回リーフレット　平成14（2002）年

広報誌折込（4月1日～）	川越町内	「広報かわごえ（4月号）」に折込（4月1日、川越町発行）	4,300
行政機関平積み（4月1日～4月30日）	四日市市内	四日市市役所市民課	200
		各地区市民センター（23カ所）	2,300
		四日市市役所市民課窓口サービスカウンター（近鉄四日市駅1F構内）	100
		四日市港ポートビル	200
各戸配布	天カ須賀地区	連合自治会に手渡し	1,290
合計			8,390

■第5回リーフレット　平成14（2002）年

広報誌折込（10月1日～）	川越町内	「広報かわごえ（10月号）」に折込（10月1日、川越町発行）	4,300
行政機関平積み（10月7日～11月15日）	四日市市内	四日市市役所市民課	200
		各地区市民センター（23カ所）	2,300
		四日市市役所市民課窓口サービスカウンター（近鉄四日市駅1F構内）	100
		四日市港ポートビル	200
各戸配布	天カ須賀地区	連合自治会に手渡し	1,406
合計			8,506

図19　情報発信の例（リーフレットの配布）

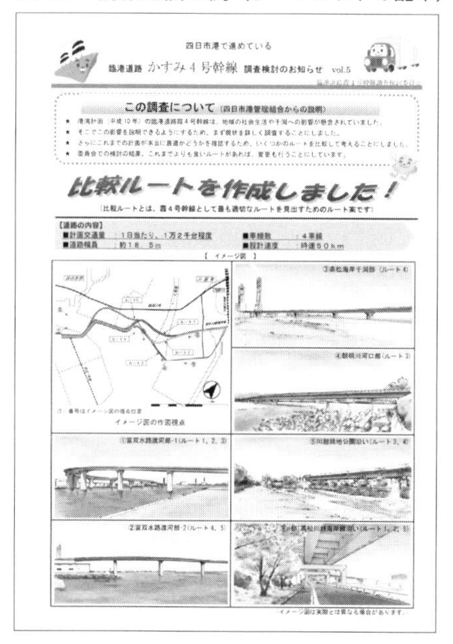

四日市港で進めている

臨港道路 かすみ4号幹線 調査検討のお知らせ vol.5

この調査について（四日市港管理組合からの説明）

★ 港湾計画（平成10年）の臨港道路霞4号幹線は、地域の社会生活や干潟への影響が懸念されていました。
★ そこでこの影響を説明できるようにするため、まず現状を詳しく調査することにしました。
★ さらにこれまでの計画が本当に最適かどうかを確認するため、いくつかのルートを比較して考えることにしました。
★ 委員会での検討の結果、これまでよりも良いルートがあれば、変更も行うことにしています。

比較ルートを作成しました！

（比較ルートとは、霞4号幹線として最も適切なルートを見出すためのルート案です）

【道路の内容】
■計画交通量　：1日当たり、1万2千台程度　■車線数　：4車線
■道路幅員　：約18．5m　■設計速度　：時速50km

【イメージ図】

（イメージ図は実際とは異なる場合があります。）

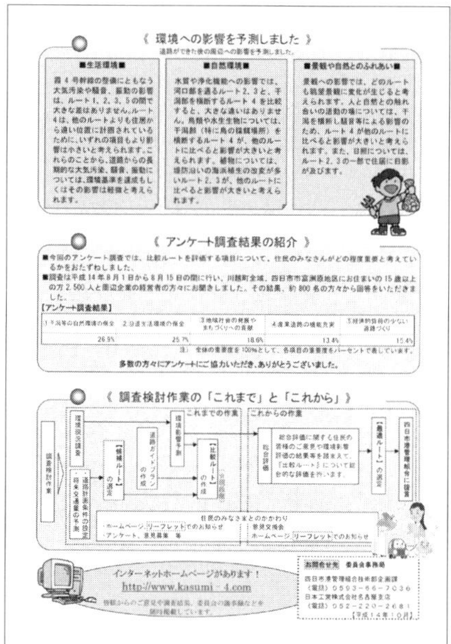

《 環境への影響を予測しました 》

道路ができた後の周辺への影響を予測しました。

■生活環境■

霞4号幹線の整備にともなう大気汚染や騒音、振動の影響は、ルート1、2、3、5の間で大きな差はありません。ルート4は、他のルートよりも住居から遠い位置に計画されているために、いずれの項目もより影響は小さいと考えられます。これらのことから、道路からの長期的な大気汚染、騒音、振動については、環境基準を達成もしくはその影響は軽微と考えられます。

■自然環境■

水質や浄化機能への影響では、河口部を通るルート2、3と、干潟部を横断するルート4を比較すると、大きな違いはありません。鳥類や水生生物については、干潟部（特に鳥の採餌場所）を横断するルート4が、他のルートに比べると影響が大きいと考えられます。植物については、堤防沿いの海浜植生の改変が多いルート2、3が、他のルートに比べると影響が大きいと考えられます。

■景観や自然とのふれあい■

景観への影響では、どのルートも眺望景観に変化が生じると考えられます。人と自然との触れ合いの活動の場については、干潟を横断し騒音等による影響のため、ルート4が他のルートに比べると影響が大きいと考えられます。また、日照については、ルート2、3の一部で住居に日影が及びます。

《 アンケート調査結果の紹介 》

■今回のアンケート調査では、比較ルートを評価する項目について、住民のみなさんがどの程度重要と考えているかをおたずねしました。
■調査は平成14年8月1日から8月15日の間に行い、川越町全域、四日市市富洲原地区にお住まいの15歳以上の方2,500人と周辺企業の経営者の方々にお聞きしました。その結果、約800名の方々から回答をいただきました。

【アンケート調査結果】

1.干潟等の自然環境の保全	2.身近な生活環境の保全	3.地域社会の発展やまちづくりへの貢献	4.産業道路の機能充実	5.経済的負担の少ない道路づくり
26.9%	25.7%	18.6%	13.4%	15.4%

注）全体の重要度を100%として、各項目の重要度をパーセントで表しています。

多数の方々にアンケートにご協力いただき、ありがとうございました。

《 調査検討作業の「これまで」と「これから」 》

インターネットホームページがあります！
http://www.kasumi-4.com
委員会からのご意見や調査結果、委員会の議事録などを随時掲載しています。

お問合せ先　委員会事務局
四日市港管理組合技術部企画課
（電話）0593-66-7036
日本工営株式会社名古屋支店
（電話）052-220-2681
【平成14年10月】

第5章

『道路ガイドプラン』と『臨港道路霞４号幹線計画について（提言）』

1　霞４号幹線事業のマニフェスト『道路ガイドプラン』

霞４号幹線は、港の近代化に向けて欠かすことのできない基盤施設であるが、その実現に向けては、地域の自然環境や生活環境と調和し、さらには地域社会の多様な期待をすべて整理し、反映に努める必要があった。そこで、専門部会の一つである評価システム部会では、①海浜及び干潟の保全、②景観、③環境教育への理解、④生活環境の保全、⑤地域の将来像・まちづくり、⑥住民・地域の快適性、⑦産業道路の充実、⑧防災機能の充実、⑨負荷の少ない道路づくり、⑩周辺道路との整合の10の項目からなる『道路ガイドプラン』を作成した（コラム７）。まさに、これが当初の事業主体である四日市港管理組合の、霞４号幹線事業に関するマニフェストに位置づけられるものであった。これ以降、霞４号幹線の道路線形・構造、環境保全措置など適切な対策を計画や設計に反映する際は、道路ガイドプランの方針に沿って進められることになったのである。

このようなガイドプランが作成できたことは、調査検討委員会が目指した「すべての人が課題をきちんと共有し、共通認識を持てる」を具現化した一つの成果と言えるのではないだろうか。

2　5つのルート案から3つの推奨ルートへ

霞4号幹線のルートは、平成10（1998）年改訂の「四日市港港湾計画」において、5つのルートが四日市港管理組合から提案されていた。調査検討委員会では、伊勢湾の奥で残っている自然干潟の一つである高松海岸（干潟）の干潟環境（もう一つは藤前干潟）と霞4号幹線の計画とをどう共存させるか、干潟への影響をできるだけ小さくするにはどうするか、といった課題を、環境影響調査の結果や様々な立場の人々の意見、各委員の専門的意見などを踏まえて議論してきた。そのため、推奨ルートの選定にあたっては、下記の条件を設けることになった（表7）。

表7　推奨ルート選定に当たっての条件設定

①地元要望である各地域からのアクセス手段を用意して地元の道路利用を可能とすること。
②海浜植生部分を含めて干潟への影響を排除する。
③海岸利用者の利便を考えた海浜沿いのルートを厳しい条件付で候補に上げる。
④沿道生活環境の影響が考えられる部分については個別に対応する。
⑤各ルートとも評価は僅差であるため、優先順位をつけた複数案を委員会として推奨する。
⑥僅差の評価であることは各案に一長一短の面があることを意味している。従って推奨案とするにあたっては各々付帯条件を付けることで、その短所を補い広く理解の得られる計画とする。

この条件により、調査検討委員会は高松海岸（干潟）の干潟の中を通るルート案をとりやめ、堤防沿いまたは堤防背後を通過する3つのルートを提案したが、各ルート案には一長一短があった。そこで、3つのルートについてそれぞれ「付帯意見」をつけることでその短所を補い、広く理解の得られる計画としたのである（表8、図20）。

表8　調査検討委員会が推奨した3ルートとその付帯意見

ルート1（推奨案）
- 道路整備に伴い計画道路の高さが既設護岸に近接する場合には、護岸補強との一体的整備も含めた検討を行うこと。
- 水際へのパブリックアクセスの確保に配慮し、良好な景観形成に努めること。
- 高架構造による圧迫感をできるだけ感じさせないようなデザインに努めること。

ルート5（推奨次案）
- 高架構造による圧迫感をできるだけ感じさせないようなデザインに努めること。

ルート３改良案（推奨次々案）

・道路整備に伴い計画道路の高さが既設護岸に近接する場合には、護岸補強との一体的整備も含めた検討を行うこと。

・水際へのパブリックアクセスの確保に配慮し、良好な景観形成に努めること。

推奨３ルート案に共通する付帯意見

①既成市街地近接部においては、特に生活環境への影響を最大限回避する措置を講ずること。

②橋脚支間の拡大や遮光板の設置など、自然環境への影響を最小化するよう努めること。

③“道路ガイドプラン”との整合を最大限図ること。

図20　調査検討委員会により推奨された３つのルート

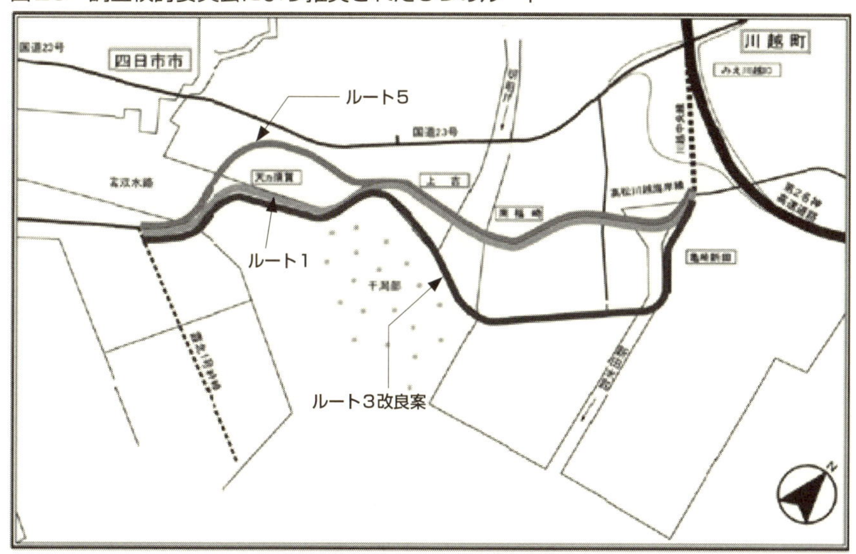

3 『臨港道路霞４号幹線計画について（提言）』

調査検討委員会は、平成12（2000）年からの３年に及ぶ検討を経て、今後の霞４号幹線の実施段階における指針として、平成15年（2003）３月５日に、四日市港管理組合の長である三重県知事に『臨港道路霞４号幹線計画について（提言）』を提出した。

ただし、調査検討委員会は、５つのルート案の中から、３つの推奨ルートを“提案”したが、ルートの“決定”はしなかった。その理由は、この時点でのルート選定は、あくまでも構想計画段階の検討であり、基本設計に進めば違った条件が出てくる可能性も考えておく必要があったからである。また、計画段階の事業主体である港湾管理者（四日市港管理組合）の役割であった地権者との折衝が、まだその段階に至っていなかったことも影響していた。

そのため、調査検討委員会は、「ルートの選定には変更の余地があるため、調査検討委員会においてはルートの最終決定はできない」、つまり、「ルートに推奨順位は付けるので、事業主体（計画段階）である港湾管理者に決定して欲しい」、という姿勢を示した。調査検討委員会がルート選定の責任を負うための最良な方法とは何か、を考えた末での結論であった。

これを受け、事業主体（計画段階）であった港湾管理者（四日市港管理組合）は、周辺住民への影響等を考慮し、ルート３改良案を選択し（表９、図21）、港湾計画（「四日市港港湾計画資料―軽易な変更―」平成15（2003）年12月、四日市港港湾管理者）に位置づけ、霞４号幹線事業を進めていくことになった。

表９　ルート選定の流れ

調査検討委員会でのルート選定（H12.11～H15.3）／港湾計画（H15.12）

天力須賀区間	高松海岸区間	川越区間	調査検討委員会 第1ステップ 14ルート	第2ステップ 8ルート	第3ステップ 5ルート	第4ステップ 3ルート	港湾計画 1ルート
A1	B1	C1	1	○	○（ルート5）	○（ルート5）	×
		C2	2	×			
	B2	C1	3	○	×		
		C2	4	○	×		
	B3	C1	5	×			
		C2	6	○	○（ルート4）	×	
A2	B1	C1	7	○	○（ルート1）	○（ルート1）	×
		C2	8	×			
	B2	C1	9	○	○（ルート2）	×	
		C2	10	○	○（ルート3）	○（ルート3（改良案））	○（ルート3（改良案））
	B3	C1	11	×			
		C2	12	○	×		
D（長大橋）			13	×			
E（トンネル）			14	×			
選定理由			・移転戸数が少なく技術的に可能なルートを選定。	・「河川管理施設構造令」に基づき、河川に対する橋梁の横断角度が60°を超えるルートを除外。 ・安全性確保のため、危険物車輌の通行が制限されるトンネル案を除外。 ・妥当投資額を大きく上回る工事費が必要となるルートを除外。	・アンケート調査やパブリックヒアリング等により、住民の意向や利用者の視点を踏まえ選定。 ・（住民意見） ・海浜及び干潟の保全・景観 ・環境教育への理解等	・AHP法を用いて、干潟等自然環境の保全や沿道生活環境の保全等の項目に重み付けをして評価し、結果、上位3ルートを調査検討委員会の提言として選定。	・地元の意見（日照権や海岸堤防の改良）や用地買収・移転補償の課題を踏まえ、港湾管理者である四日市港管理組合が、総合的に判断し選定したルート3（改良案）を港湾計画に位置付けた。

図―3　ルートの区間分割

⑷ルート選定の経緯

（参照　平成15年3月　霞4号幹線調査検討委員会）

図21　四日市港管理組合により最終的に選定したルート３改良案

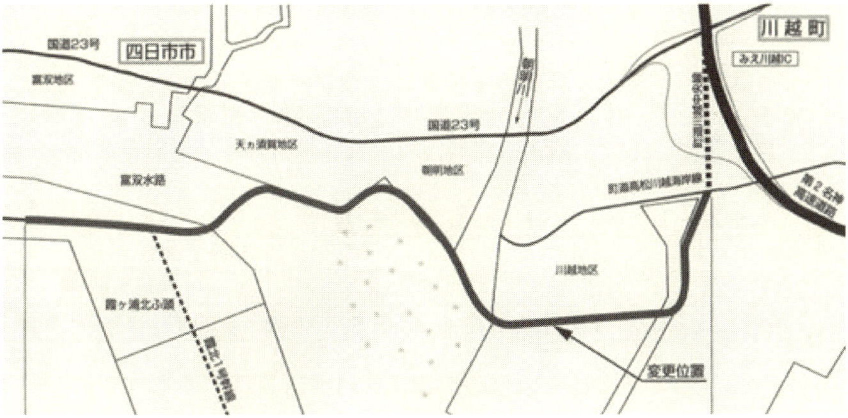

コラム７ 《『道路ガイドプラン』とは》

臨港道路霞４号幹線は、平成12（2000）年11月から平成15（2003）年３月に学識経験者等で構成する「臨港道路霞４号幹線調査検討委員会」（四日市港管理組合）において、港湾の発展と地域環境の共存や地域社会の成長・発展を目指した総合的な検討が行われた。委員会においては、最適な３ルートと合わせて提言、付帯意見及び道路ガイドプランが示された。その結果を受けて、平成15（2003）年12月に港湾計画に位置付けられた。

調査検討委員会で示された提言では、「生活環境への影響回避」、「自然環境への影響最小化」、「"道路ガイドプラン"との整合」などの付帯意見が示されました。そのため、事業実施において調査検討委員会で示された提言やその付帯意見等との整合性が図られているかを確認するため、公正・中立の立場で助言・指導をいただくことを目的として、調査検討委員会のメンバーで「臨港道路霞４号幹線事業実施に伴う懇談会」を設置し、平成18（2006）年より毎年開催している。

（四日市港湾事務所ホームページより）

『道路ガイドプラン』

（ガイドプランの目的と位置づけ）

臨港道路霞４号幹線の現計画ルートは、干潟を含む自然環境や住民の生活、あるいは産業の営みに影響が及ぶのではないかと心配されています。そのため霞４号幹線調査検討委員会では、環境現況調査等を実施し、現計画ルートを始めいくつかのルート案を作成、比較し、影響を明らかにしながら、様々な意見や価値観を総合的に評価した最適ルートを四日市港管理組合に提言することとしました。
その過程においては、住民や意見表明者、あるいは事業主体の意見を計画に反映する必要があります。
この道路ガイドプランは、各種意見を踏まえた道づくりの計画理念や目標像を明らかにして、道路計画、環境保全対策、構造・デザイン計画等に関する委員会及び各部会における検討指針とし、候補ルートの選定、比較ルートの作成、総合評価等の各段階における作業指針となるものです。さらには最適ルートの提言先である四日市港管理組合が行う事業検討に際しても、同様に指針となることを目指しています。

(ガイドプランの目指すべき方向)
住民意見等の中には、干潟などの自然環境保全を重要とする意見や生活環境の悪化を心配する意見と共に港湾機能の強化を通じた地域の発展を期待する意見等があります。このガイドプランは、地域の発展か環境の保全かといった二者択一ではなく、霞4号幹線による港湾機能の充実と自然環境や生活環境の共存調和を目指しています。

1. 環境との共存・調和

臨港道路霞4号幹線は、霞ヶ浦ふ頭の港湾交通を背後地域につながる高速道路に円滑につなげるため、臨港地区から市街地内を経由して第2名神高速道路川越インターチェンジ付近に至る道路です。周辺には住居のほか、砂浜や干潟などの自然環境豊かな場所も存在することから、地域の生活環境や自然環境と調和する道づくりを行うことで、港の発展と地域環境の共存を目指します。

1-1. 自然環境の保全

1)砂浜及び干潟
高松海岸及びその前面の干潟は、シギ・チドリ類など多くの鳥類やハマヒルガオなど海浜植生の生育の場となっており、貝類などの底生生物も豊富に見られるなど、多様な生物相を有する自然環境豊かな場所となっています。また、北勢地域では数少ない砂浜海岸として、人と自然の触れあい、自然学習の場としても広く住民に親しまれています。
このことから、霞4号幹線の整備においては、海岸や干潟の多様な機能の保全を目指します。
2)景観
現在、伊勢湾奥部では数少なくなった自然海岸の一つである高松海岸は、海岸そのものの美しさが地域住民に評価されるとともに、ガントリークレーンなどの近代的大規模港湾施設やコンビナートと一体となった景観特性が注目されています。

このため道路計画に際しては、自然景観要素としての高松海岸保全並びにこれらと近代的港湾施設との景観上の調和の確保を目指します。

1-２．生活環境の保全

現在当該地域の主要な幹線道路である国道23号沿道においては、道路交通の集中による道路交通騒音などが深刻な問題となっています。霞４号幹線は、その整備によって国道23号の交通量の緩和による沿道地域への環境負荷の低減も期待されるところです。同時に当該道路の沿道で新たな生活環境上の問題を引き起こさないことも目指します。

1-３．環境教育への理解

高松海岸は都市の身近にある自然海岸として子どもたちの学習や体験の場などにも利用されているため、霞４号幹線計画における海岸の取り扱いは、広く住民から注目されています。霞４号幹線計画では、干潟が担っている自然学習や自然教育の場としての役割と利用実態について調査検討関係者が正しく認識し、体験型学習の場として引き続き活用される環境を目指すと共に道づくりの計画プロセスそのものが、環境教育を意識した調査検討となることを目指します。

２．持続的な地域社会の成長・発展

霞４号幹線は、港湾貨物を背後地域へと円滑に輸送することを目的とする道路ですが、広く一般にも利用されることで、地域社会における道路交通環境の改善や企業活動の多様化に役立つよう期待されていることから、今後地域社会が引き続き成長・発展する手段となることを目指します。

2-１．地域の将来像・まちづくりへの貢献

１）地域の将来像・まちづくり

調査検討対象地域である霞ヶ浦北ふ頭から川越町にかけては、四日市港の中でも最も新しく開発された地区であり、コンテナ埠頭などによって近代的な港湾のイメージが定着しつつあります。こうした地域において計画する霞４号幹線は、霞ヶ浦北ふ頭とその周辺の将来の都市イメージに整合させた道路デザインを目指します。

さらに、霞４号幹線が周辺の土地利用や都市活動の進展など、今後のまちづくりに影響を与えるものと考えられることから、地元のまちづくりに貢献できるよう土地利用計画等との整合を目指します。

２）住民・地域の快適性

本調査検討対象地域は、概ね工業系の土地利用によって占められていますが、

川越町総合運動公園や高松海岸など、住民に利用される施設や空間も分布していることから、霞４号幹線整備にともなってこれらに通じる生活道路の取扱いや安全性の確保は住民の大きな関心事です。さらには車のみならず自転車や徒歩での利用や、緑を多く取り入れた心地よい道路空間にするように望む意見もあります。
　そのため霞４号幹線の存在が、生活道路の分断や交通危険箇所の増加につながらないよう道路の計画・構造設計面で配慮するとともに、既存樹木をできるだけ保全するなど住民も快適に利用できる道づくりを目指します。

2-２．地域の産業振興と交通環境改善への貢献

１）地域交通環境の改善

　調査対象地域に隣接する国道23号の日交通量は約７万台（平成11年度）と多く、渋滞も慢性化しつつあることから、地域住民の間から霞４号幹線の設置にともなう渋滞緩和に大きな期待が寄せられています。しかし一方では、霞４号幹線を利用する交通によって引き起こされる近傍での渋滞が心配されていることから、地域交通環境の改善にも役立つ周辺道路との適切な連携を目指します。

２）産業道路の機能充実

　調査対象地域周辺の臨海工業地域では、臨海部相互の連絡や広域へのアクセス手段として国道23号に大きく依存しています。このため、慢性化しつつある国道23号の渋滞緩和や臨海部相互を円滑につなぐ産業道路の整備に期待が寄せられています。霞４号幹線は、臨海部各地区の道路との適切な接続や大型車の円滑な通行に適した道路構造（必要な幅員や線形の確保、交差道路との立体化など）と共に整備段階における沿道利用への配慮等によって産業道路としての機能充実を目指します。

３．社会への貢献

３-１．安全・安心を目指す地域社会環境への貢献（防災機能の強化）

　四日市港では大規模震災時等における経済活動を支えるために、緊急物資輸送拠点化を目指していますが、霞ヶ浦ふ頭では背後地と港を結ぶアクセスは、霞大橋１本に限られています。地域の防災拠点の一つとして、港が果たすべき拠点機能を確実なものにし、安全で安心な社会を実現するためにも霞４号幹線の役割は重要です。調査対象地域一帯は高潮堤防に囲まれた低地であり、過去に伊勢湾台風によって甚大な被害を受けたところです。高潮等の水害に備えて霞４号幹線に高潮堤防との兼用や現在の堤防を補強する役割を求める意見もあることから、技術的な実現可能性などを幅広く見極めながら地域の防災機能の確保及び強化を目指します。

3-２．公益性を実現する道路づくり

１）負荷の少ない道路づくり

地球環境の保全に向けた、省資源、省エネルギーや自然環境への影響緩和の努力は今日では社会共通の課題となっており、また国民の広くから経済的に負担の少ない公共事業の実施が求められています。霞４号幹線においても、計画段階では適切なルートや構造形式の選択等によって環境負荷の低減や、コストの縮減に努め、建設段階においてはリサイクル資材の活用や建設期間の短縮、経済的な工法の採用に努めることで、経済的な負担や環境への負荷などの低減を目指します。

２）周辺道路との整合

調査検討地域には、高松川越海岸線、川越中央線及び南福崎豊田一色線の３本の都市計画道路が位置しています。

霞４号幹線の計画にあたっては、社会資本の効率的な投下の観点から、既存道路やこれら都市計画道路との間で必要に応じて一体化するなど、各々の道路が本来の役割を果たしつつ相互に補完し合い、港と地域社会の交通を円滑に処理する道路網づくりを目指します。

４．港湾機能の強化

近年では工業製品や半製品、さらには日用品に至るまで輸入する貿易形態に移行しており、その海上輸送に最も適したコンテナ輸送がますます増加しています。我が国のみならず世界の中でもコンテナ輸送が著しく増加しており、貿易に関連する産業の優位性を維持し発展させるためにも外貿コンテナ機能の拡充が重要な役割を担っています。四日市港においても急増する外貿コンテナ貨物の取扱い機能拡充が課題となっていることから、港と背後地との間で海上貨物を円滑に輸送するための臨港道路の整備が必要となっています。また、阪神淡路大震災の経験などから、近代的港湾施設には大規模震災時の緊急物資輸送や国際物流機能維持の拠点として機能することが期待されています。四日市港においても、大規模震災時における地域の生活や社会経済活動を支えるために、岸壁等の耐震化が進められていますが、霞４号幹線は現在の霞大橋とともに、そうした拠点と背後地を結ぶ重要な道路となります。

霞４号幹線はこうした港湾機能の強化を通じ、地域経済社会の発展や大規模震災時の危機管理能力向上を目指します。

５．道路計画への理解を得るために

住民意見の中には、霞４号幹線の整備が急務であるとの意見がある一方で、道路建設にともなって干潟が破壊される、大型車の通行によって生活環境が悪化す

る、さらには周辺道路を含めて交通渋滞が一層激しくなるなどの理由をあげて臨港道路の計画に反対する意見もあります。道路計画にあたっては、こうした様々な意見があることを調査検討関係者が認識し、霞４号幹線を整備する場合、しない場合のメリットとデメリットを明らかにするとともに、予想されるデメリットについてはその対策を説明することで、霞４号幹線計画への幅広い理解を得ることを目指します。

第6章

建設開始、そして次のステップへ

1　調査検討委員会から懇談会へ

意見交換の場は、調査検討委員会から「四日市港臨港道路霞４号幹線事業に伴う懇談会」へと引き継がれた

計画段階までは、霞４号幹線の事業主体は四日市港管理組合だった。その担当者は地元住民、自治体、自然保護団体など多様な立場の人々から意見を聴いたり、課題を共有するための仕掛けをつくってきた。

平成15（2003）年の計画策定後、事業実施の段階（平成16（2004）年度）で、霞４号幹線プロジェクトは国の直轄事業となった。このため、事業主体は四日市港管理組合から国土交通省に引き継がれた。事業の担当者が総入れ替えになり、経緯のわかる人がほとんどいなくなるという事態になった。元の担当者の手を離れたことで、情報開示や意見収集の面で、調査検討委員会主導で構築してきた地域住民との交流システムの理念・進め方・関係性が一旦途切れてしまった。そのため、地域住民からの不信感も出るなど、蓄積してきた信頼が失われた感じがあった。計画段階から事業実施段階で、事業主体が変わったときの引き継ぎの難しさが感じられた。

調査検討委員会のメンバーが事態の逆戻りを聞き、これではいけないと平成18（2006）年、「四日市港臨港道路霞４号幹線事業に伴う懇談会」（以後、「懇談会」）を進言し、設置することになった（コラム８）。これは、意思決定の権限・行政上の効力は無いが、プロジェクトをモニターし、霞４号幹線の建設が道路ガイドプランの趣旨とずれたり、地域で問題が生じていないかなどについて議論する場となった。

調査検討委員会では、様々な情報をさらけ出してきた。調査検討委員会のねらいでもあった「さらけ出す」という姿勢は、時代の流れになり、当たり前のことになってきていた。だからこそ、皆が意見を出し合い、整理する場をその後もつくっていく必要があった。調査検討委員会は計画段階の平成12（2000）年から平成15（2003）年の３年間で終わった。しかし、工事開始後、懇談会がその場を引き継ぐという流れには意義と必然性があり、時代にマッチしていたと思われた。

懇談会の役割

平成15（2003）年までの調査検討委員会は道路ガイドプランやルート案への付帯意見を提示してきた。懇談会の一つの役割は工事開始後にそれらが守られているかどうかを、公正・中立の立場でモニタリングしていくことであった。調査検討委員会の委員がそのまま懇談会の委員となり、懇談会は設置以来、毎年１回開催している。何か問題が出たらすべて懇談会でオープンに議論するという姿勢で続けられている。構造物のハード的なメンテナンスは行われるが、供用後のソフト面でのメンテナンスに関して、この段階で議論されることは珍しい。

この何か問題が起こったとき、みんなで考える、フリーに議論するという雰囲気が、調査検討委員会の時代を経て引き継がれている。一方で、懇談会は結論を出す会議体ではない。この「権限がない」こともかえっていいのかもしれない。委員会ではないから委員が何を話しても事業主体が取り入れてくれるという保証はない。しかし、一つのやり方としてこういうものがあってもいいのではないだろうか。

コラム８　《『四日市港臨港道路霞４号幹線事業に伴う懇談会』》

（開催の方針と目的）

臨港道路霞４号幹線は、平成12（2000）年11月から平成15（2003）年３月に学識経験者等で構成する「臨港道路霞４号幹線調査検討委員会」（四日市港管理組合）において、港湾の発展と地域環境の共存や地域社会の成長・発展を目指した総合的な検討が行われた。委員会においては、最適な３ルートと合わせて提言、付帯意見及び道路ガイドプランが示された。その結果を受けて、平成15（2003）年12月に港湾計画に位置付けられた。

調査検討委員会で示された提言では、「生活環境への影響回避」、「自然環境への影響最小化」、「"道路ガイドプラン"との整合」などの付帯意見が示された。そのため、事業実施において調査検討委員会で示された提言やその付帯意見等との整合性が図られているかを確認するため、公正・中立の立場で助言・指導をいただくことを目的として、調査検討委員会のメンバーで「臨港道路霞４号幹線事業実施に伴う懇談会」を設置し、平成18（2006）年より毎年開催している。

（四日市港湾事務所ホームページより）

なお、本規約は、懇談会の構成や開催に関すること、事務局に関する事など、明確に定める必要性が生じたことから、平成22（2010）年に懇談会の趣旨を明確にするために定めたものである。

「四日市港臨港道路霞４号幹線事業実施に伴う懇談会」規約

（総則）

第１条　この規約は、「四日市港臨港道路霞４号幹線事業実施に伴う懇談会」（以下、「懇談会」という。）に関し、必要な事項を定める。

（懇談会の設置趣旨）

第２条　懇談会は、臨港道路霞４号幹線事業を進めるに当たり、事業実施者が、霞４号幹線調査検討委員会（事務局：四日市港管理組合、開催時期：平成12～15年度）において示された提言やその付帯意見との整合を図るため、公正・中立の立場から助言・指導をいただくことを目的として設置する。

（懇談会の構成）

第３条　懇談会は、座長、委員をもって構成する。

２．座長は、懇談会を代表する者として、１名を委員より互選する。

３．座長は、会議を統括する。

4．座長が欠席等の場合は、座長代理を指名する。
5．委員は、「霞４号幹線調査検討委員会」の委員を基本とし、別紙に掲げるものとする。
6．懇談会は、必要に応じて委員の変更を行うことができる。
7．懇談会は、必要に応じて参考人のヒアリングを行うことができる。

（懇談会の開催）

第４条　懇談会は、原則として年１回以上開催し、公開を原則とする。

（事務局）

第５条　懇談会の事務局は、国土交通省中部地方整備局四日市港湾事務所内に設置する。

2．懇談会の事務局は、委員に臨港道路霞４号幹線事業の実施状況等を随時報告する。

（その他）

第６条　この規約に定めるものの他、懇談会の運営について必要な事項については、懇談会にて定めるものとする。

附　則

1　本規約は、平成22年6月15日より施行する。

表10　「平成18年度臨港道路霞４号幹線事業実施に伴う懇談会」委員名簿
（所属は平成18（2006）年度当時）

座長	林 良嗣	名古屋大学大学院環境学研究科教授
委員（五十音順）	有賀　隆	早稲田大学理工学術院建築学専攻教授
	小川　悟	三重県四日市建設事務所長
	葛山 博次	元　松阪大学非常勤講師
	北川 利美	四日市商工会議所専務理事
	黒田 憲吾	四日市市助役（経営企画部長専務取扱）
	佐々木　葉	早稲田大学理工学術院教授
	杉浦 邦彦	財団法人日本鳥類保護連盟専門委員
	関口 秀夫	三重大学大学院生物資源学研究科教授
	中村 由行	独立行政法人港湾空港技術研究所海洋・水工部沿岸環境領域長
	林 顕效	鈴鹿医療科学大学医用工学部医用情報工学科教授
	古市 實	朝明商工会事務局長
	前川 壮吉	四日市港管理組合整備部長
	松井 寛	名城大学理工学部建設システム工学科教授
	丸岡 初	国土交通省中部地方整備局四日市港湾事務所長
	丸山 康人	四日市大学総合政策学部教授

宮島 正悟	国土交通省中部地方整備局名古屋港湾空港調査事務所長
森橋　真	国土交通省中部地方整備局港湾空港部港湾計画課長
山下 健次	川越町総務部長
吉田 克己	三重大学名誉教授

設計にあたっての小検討会の設置

霞４号幹線のように延長の長い構造物の設計を進めていくには、有識者による詳細な検討が必要な場合がある。例えば、橋梁色彩計画、構造細部形状、橋梁付属物等のデザインなど、霞４号幹線の構造設計における景観的配慮事項に関する検討や、騒音問題、自然環境への影響、アカウミガメへの影響に対する対策工事の必要性については、有識者による「景観・環境検討ワーキンググループ」（委員長：山田健太郎）（平成17（2005）年10月～平成18（2006）年７月に２回のワーキングを実施）において検討された（コラム９）。また、霞４号幹線は全線高架構造のため、事故・災害等による途中閉塞への対応が懸念される。そこで、リダンダンシー（代理機能）確保については、有識者等による「四日市港臨港道路霞４号幹線のリダンダンシー確保に係る検討会」（座長：松井寛、副座長：中村英樹）（平成19（2007）年度に４回開催）において検討された（コラム10）。

いずれも、調査検討委員会当時の委員や懇談会の委員が委員長を務めている。このように、懇談会だけでなく、必要に応じて専門家が検討する場を別途設ける方法は、調査検討委員会で構築された「仕組み」が引き継がれている好ましい例である。

コラム９　**《『景観・環境検討ワーキンググループ』》**

四日市港霞ヶ浦北ふ頭地区道路（霞４号幹線）について、設計上の諸課題（生活環境場における環境影響として、騒音、低周波空気振動、日照阻害、自然環境への影響、高松海岸にて平成15年に確認されたアカウミガメの産卵への影響、等）について、学識者および行政関係者からなるWGを設置し検討を行った。

表11 「景観・環境検討ワーキンググループ」委員名簿（所属は平成17（2005）年度当時）

委員長	山田健太郎	名古屋大学大学院環境学研究科都市環境学専攻教授
委員（順不同）	佐々木　葉	早稲田大学理工学部社会環境工学科教授
	林　　顕效	鈴鹿医療科学大学医用工学部医用情報工学科教授
	吉田　克己	三重大学名誉教授
	関係自治体	四日市港管理組合

コラム10 《『四日市港臨港道路霞４号幹線のリダンダンシー確保に係る検討』》

霞４号幹線については、四日市港港湾計画（平成15年12月変更）に基づき、平成16年度から国による直轄事業として整備が進められている。また、計画決定の経緯から、「霞４号幹線調査検討委員会」における提言及びガイドラインを踏まえ、環境との調和を図りつつ、四日市港の発展、貨物輸送増に伴う交通混雑の軽減、災害時の信頼性確保を整備目標とし、早期の効果発現のため、暫定２車線・全線高架構造として整備を進めている。

係る状況のもと、地元経済界から「早期供用が必要不可欠である一方、延長4kmを超える高架構造であり、大規模災害や事故が発生した際の安全性確保のため、取付道路の整備も必要」との要望があった。また、本整備事業では自然環境や生活環境への地元の懸念から、計画段階において慎重にルート決定がなされた。

こうした諸状況も踏まえ、本事業を円滑に進め早期供用を図ることができるよう、また、整備効果発現の新たな要素として、取り分け緊急事態（事故・地震等による途中閉塞）への対応検討が必要不可欠と判断し、規定計画前提として、途中接続を含めたリダンダンシー（代替機能）確保について、技術的検討を行った。

（検討の視点）

ⅰ）四日市港臨港道路（霞４号幹線）において、そのリダンダンシー（代理機能）を確保するため、国道23号への途中接続による緊急輸送路を整備する場合に、構造的にみて最適なルートを検討する。

ⅱ）四日市港臨港道路（霞４号幹線）本線の整備による周辺地域での交通状況の変化について、将来交通量推計の結果をもとに分析する。

ⅲ）緊急輸送路の最適ルートが整備される場合、周辺地域に及ぼす交通の影響や効果を、四日市港臨港道路（霞４号幹線）本線整備における結果との比較により整理する。

※記載内容は平成19（2007）年度時点

表12　「四日市港臨港道路霞４号幹線のリダンダンシー確保に係る検討会」委員名簿（所属は平成19（2007）年度当時）

座長	松井　寛	名城大学理工学部建設システム工学科教授
副座長	中村英樹	名古屋大学大学院工学研究科教授
委員（順不同）	武内彦司	四日市市経営企画部長
	山下健次	川越町総務部長
	平手辰勝	四日市港管理組合経営企画部次長
	松岡敏郎	国土交通省中部地方整備局三重河川国道事務所副所長
	宮島正悟	（前任）同名古屋港湾空港技術調査事務所長
	西村大司	同
	丸岡　初	同四日市港湾事務所長

調査、モニタリング、検討の状況は開示し続ける

行政職員は通常２年から３年位で担当が替わっていく。その慣例の中で、引継ぎが十分でないことも多い。ましてや10年も経ってから事業がスタートするとなると、計画検討時に構築された様々な仕掛けは完全に途切れてしまう。このような事例が多いなか、国土交通省に霞４号幹線事業が移管されたあとも、毎年１回、「懇談会」というスタイルで長期間にわたって継続して開催しているのは珍しい例であろう。

懇談会はモニタリングを継続し、懇談会委員の専門家がそれを検証チェックする場であり、その結果をすべての人と共有していくための場として位置づけられている。時には、懇談会座長の事業主体に対する厳しい指摘を期待し、懇談会座長宛に地域住民から注文の手紙が来ることもあった。地域住民に注視されることは、懇談会の委員にとってはむしろやりがいのあることだった。

懇談会は、霞４号幹線が完成するまで（平成29（2017）年度末完成予定）継続する予定である。その後もつくりっぱなしではなく、高松海岸（干潟）の利用と保全など、どのようにしていくのがベストなのかをフォローしていかなければならない。その道筋をまさしく平成27（2015）年度からつくってきている。

2　細部への配慮事項

霞４号幹線は設計・施工段階に入り、細部設計に対していくつか配慮がされている。

細部設計への景観的および生物への配慮

デザインというのは、最初の基本設計のときにしっかり議論しておく必要がある。デザインの途中段階での修景・手直しは非常に難しく、また「手直しした」ことが目立つため、デザインの統一感や期待した効果が望めなくなることが多い。

霞４号幹線では、歩車道境界防護柵は視認性の確保と維持管理性から、ダークグレーのアルミ合金製の防護柵の採用、照明柱の基部は極力、壁高欄から突出しない構造とするなど（表13、図22）、付属物のデザインは橋梁本体との一体感、統一感を図っている。

また、環境面では、故杉浦邦彦（調査検討委員会および懇談会委員、当時財団法人日本鳥類保護連盟専門委員）の助言により、強風による鳥類と車両との衝突の危険性や河川を利用する夜行性鳥類への光の影響などに対する保全措置もとられた。

表13　附属物に関する整備指標の例

項　目	仕　様
遮光板	分節した形式で壁高欄0.9mの上に遮光板0.3mを設置する。
鳥類の飛行高度確保のための保全施設	供用開始時には設置しない予定である。構造としては、分節した形式で壁高欄0.9mの上に鳥類の飛行高度確保のための保全施設1.1mを設置する。
非常駐車帯	擦り付け長20m（前後）、有効長20m、計60mの台形状とする。
照明（照明基礎）	H8.0m・設置間隔20m。直線ポール照明（凡用遮光ルーバー内蔵）を設置する。
自発光式視線誘導標 線形誘導表示板	カーブ区間において自発式視線誘導標、線形誘導表示板を設置する。
マーキング（ドットライン）	カーブ手前より100m地点からカーブ終了地点まで設置する。

図22　附属物の設置例

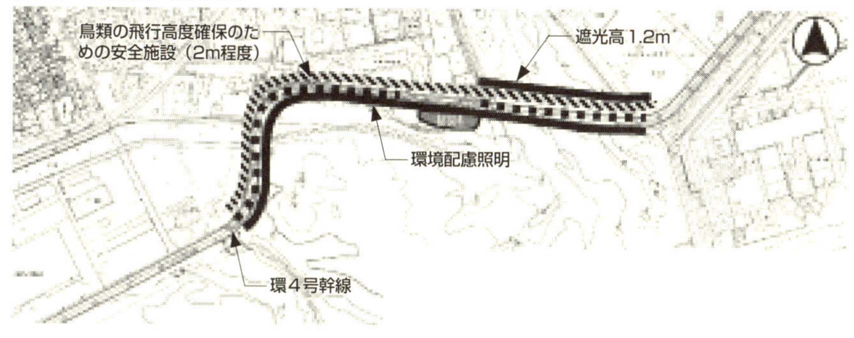

橋梁本体色の選定

最終選定した橋梁本体色は、佐々木葉（現早稲田大学創造理工学術院社会環境工学科教授、専門：景観、橋梁デザイン）の助言により、近景において重要な視点場である高松海岸周辺（調和重点ゾーン、高架下配慮重点ゾーンにもなっている）の砂浜をイメージさせ、海岸利用者へ与える印象もよいと考えられた色（マンセル値：2.5Y7/2、色票番号：D22-700）を選定している（**写真4**）。この色は、日本の伝統色である「砂色」に類似した色となっている。

写真４　候補色の現地評価状況（富双水路渡海部）

出典：海老原俊広・白井博己・佐藤清（2010）四日市港臨港道路（霞４号幹線）における景観検討・沿岸技術研究センター論文集（10）69-72

海岸堤防を15m海側へ移動

霞４号幹線は、港湾計画（平成15（2003）年12月16日改訂（ルート３改良案））に基づき整備が進められた。しかし、下記の課題が確認されたため、道路線形の一部を修正した。

①背後施設への影響（工場主要施設と接触、民家への日照阻害）
②周辺への環境対策（騒音、振動）
③新田水路部の走行性改善

高松海岸部の設計においては、民家への日照の問題や工場敷地への影響を回避するため、霞４号幹線の橋脚を既設海岸堤防の中に設置することになり、海岸堤防の法線を現在の位置より15m程度前出しした。関口秀夫（現三重大学大学院生物資源学部名誉教授、専門：海洋生態学（干潟生物））の「干潟が非常に微妙な環境バランスになっているので、決して干潟に橋脚を置いてはいけない。１本たりともピアを防潮堤よりも海側に立ててはいけない。」との意見を考慮した形で、施工は進められている。

また、新しい海岸堤防は、レベル２地震動（大規模地震動）※14に対する耐震性能を満足する構造が計画された。

騒音対策

霞４号幹線は、高架が連続する道路橋である。高架の道路橋は橋桁の接続部分でかなりの騒音が発生する。この懸案については、林顯效（現　鈴鹿医療科学大学名誉教授、専門：電気音響学）の意見を踏まえ、接続部分になるところはできるだけ民家から離して設計がなされた。

環境モニタリング調査の実施

高松海岸部および朝明川河口部においては、干潟における工事前後の状況

※14　レベル２地震動（大規模地震動）：現在から将来にわたって当該地点で考えられる最大級の強さを持つ地震

を把握するため、底質調査、底生生物調査、鳥類調査、植物調査を実施している。底質調査、底生生物調査、鳥類調査の調査地点は、干潟の浄化能力を把握するため、既往調査にて二枚貝の多くが生息した場所を選定している。また、植物調査は、葛山の指導を受けながら、朝明川河口部のワンド環境を含む範囲と高松海岸部において実施している。

調査を開始した平成17（2005）年以降、大きな変化はみられず、平成27（2015）年時点で、霞４号幹線の整備による影響は確認されていない。

生物への保全対策の実施

高松海岸部や朝明川河口部およびその前面の干潟は、ハマヒルガオやハマゴウなどの海浜性植物※15やハママツナやシオクグなどの塩沼地性植物※16の生育場となっているだけでなく、各種の昆虫類やシギ・チドリ類などの多くの鳥類、甲殻類、貝類などの水生・底生生物も豊富にみられる。これら霞４号幹線の工事による影響があると評価された高松海岸部や朝明川河口部に生育・生息する重要な植物（**写真５**）やその他の生物を対象に、工事着手前に移植による保全対策を、「海辺の生物保全対策ガイドライン」を作成して実施している（資料編「海辺の生物保全対策ガイドライン」参照）。

移植方法に関する知見が得られない植物（ハマボウフウ、ナガミノオニシバ、ウラギク、ハママツナなど）については、葛山の指導を受けながら、複数の方法で試験移植を行い、より効果の高い移植方法を模索するなど、きめ細かな対応をしている。この過程で新たな保全措置の方法も明らかとなった植物もあった（**コラム11**）。

また、川越緑地公園の再整備にあたっては、生活環境を指標する植物などの導入を通じて、住民が快適に利用できる道路づくりを目指した提案もされている。

※15　海浜性植物：海岸の主に砂浜に生育する植物
※16　塩沼地性植物：定期的に海水につかり、高濃度の塩水に対して適応して生育する植物

写真5　高松海岸部や朝明川河口部で保全対策を実施した植物の例

海浜性植物のハマボウフウ
（平成27（2015）年5月21日撮影）

塩沼地性植物のウラギク
（平成28（2016）年10月21日撮影）

コラム11 《海辺の植物の保全対策（ハマボウフウの例）》

移植の効果の高い個体の大きさ、直根性の根が掘り取り時に切断されることによる植物体への影響程度を試験移植により把握し、ハマボウフウの具体的な移植方法を得ることができた。高松海岸部ではこの方法を用いて保全措置を講じた。

表13　試験移植等の結果から得られたハマボウフウの移植方法

移植方法	移植内容	移植時期	移植先（植え戻し場所）
個体移植	・中小サイズの個体を対象 ・深度20cm以上で掘り取り	・11月を含む前後1ヶ月程度（秋の展葉期10月～12月）	・海岸植生帯の中央～前線部に点在する小規模な裸地部（特に前線部に移植した個体の活力が良好）
種子移植	・海浜部の砂と混ぜて播種 ・発芽率が低いため、個体移植と併用	・種子採取直後（結実期7月）から12月	〃

また、今回、保全対象としたハマボウフウは、冬季に落葉する多年生草本であることは一般的に知られている。しかし、高松海岸部での試験移植のモニタリング調査の過程で、冬季（12月～3月）だけでなく、夏季から秋季（7月中旬～9月中旬）にも、生育段階（実生、開花個体、未開花個体）の区別なく落葉することが観察された（図23）。この現象は、自生個体でも確認されたことから、ハマボウフウの特性の一つと考えられる。

図23　高松海岸部におけるハマボウフウの生活史

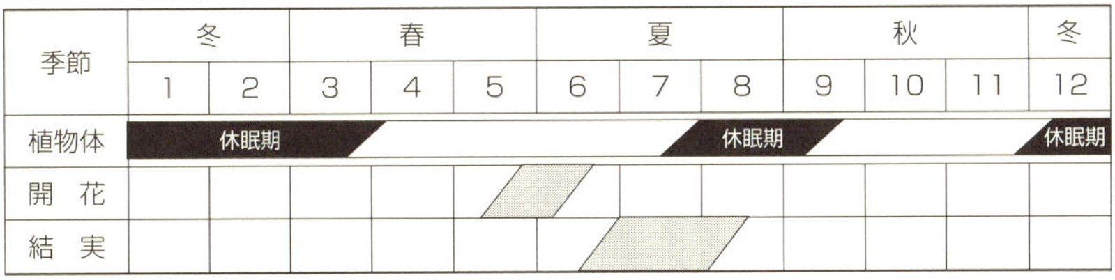

季節	冬		春			夏			秋			冬
	1	2	3	4	5	6	7	8	9	10	11	12
植物体		休眠期						休眠期				休眠期
開　花												
結　実												

出典：棗原淳・葛山博次・関根洋子・永翁智雄・山口孝昭（2014）海浜性植物ハマボウフウの保全対策技術―四日市港臨港道路（霞４号幹線）事業に伴う環境保全技術事例―.応用生態工学会　第18回東京大会.より

避難場所としての利用検討

海岸堤防の復旧（前出し）を行う海岸堤防の階段形状については、堤防から海岸へ降りる階段と、霞４号幹線の点検用階段を近い位置に配置し、津波発生時には霞４号幹線の非常駐車帯を避難場所として利用できるようにした。また、霞４号幹線が朝明川を渡る部分においても、点検路が配備されており、これも避難路として活用できるようにしている。当該地域の南海トラフ地震による最新の津波予測の最大値はT.P.+4mであり、それを上回る十分な高さが確保されている。

また、堤防から海岸へ降りる階段の形状は、①階段部の大きさに対する景観的配慮、②利用者のアクセス・安全性の向上、③階段に求められる要求性能、に留意し、より使いやすく、景観としても圧迫感が小さく、緊急避難時

図24　新たに設置される階段の設置位置とその形状

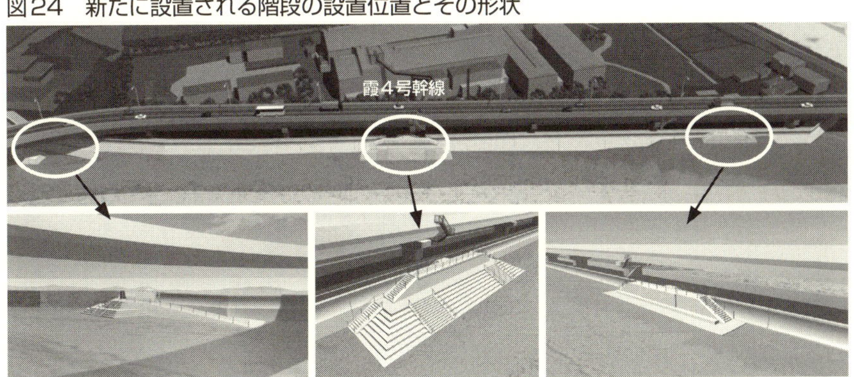

も混乱が小さくなるよう、佐々木の助言に基づいたデザインが施されている（図24）。

3　多様なステークホルダーの利用の段階へ

霞４号幹線は計画段階から建設段階に進み、完成によって工事は終了し、供用段階へと進む。それは、多様なステークホルダーが利用する段階へ進むことを意味している。

霞４号幹線の完成後、高松海岸部における高架橋の下は点検路として、また海岸堤防道路は管理用道路としても利用されることになる。その一方で、公共空間の憩いの場になる可能性もある。つまり、桁下空間を付帯施設として、上は産業用、下は親水空間のための場として活用していくことも可能かもしれない。また、霞４号幹線の完成によって、新たな問題が起こる可能性もある。

多様なステークホルダーによる桁下空間の活用方法や霞４号幹線完了後に発生する新たな問題への対応は、これからの課題であり、今後の懇談会のテーマになっていくであろう。

第7章

霞４号幹線事業から学んだこと

1　公共事業の検討プロセスのモデルとして

霞４号幹線の整備実現にあたり、平成12（2000）年に設立された調査検討委員会のもと、計画段階において多様なステークホルダーの意見と折り合いをつけ、平成18（2006）年の工事着手に至った。現在も懇談会が開催され、様々な問題に対応しながら、事業を進めているこの一連のプロセスは、日本の公共事業にとって、ある種の１つのプロトタイプとして位置づけられるのではないだろうか。

霞４号幹線事業をモデルとして、他の公共事業を進める上での参考となるポイントを整理すると、次のような点が挙げられる。

（準備段階）

・生態系など専門的な事象に対して、事業との関係性を正確に評価できる能力を持ったコンサルタント＝環境アセスメントができるコンサルタントを、技術提案を踏まえて選定する。

（調査・計画段階）

・自然環境への影響を正しく評価するため、対象事業や地域の特性を踏まえ、適切な調査項目・調査方法を選定し、調査計画を立案する。

・事業の計画を検討するに当たっては、関係分野の専門家で構成される１つの委員会だけでなく、より専門的な事項について検討できる専門部会（霞4号幹線事業では、環境調査、道路計画、構造・デザイン、評価システムの4部会）を併設し、部会間の相互連携を図る。
・地域住民の事業に対する理解を深め、同時に様々な意見を事業に反映させるため、検討結果や調査結果だけでなく、そのプロセスも含めた情報をすべて開示するとともに、パブリックヒアリングや意見交換会などを開催する。

（設計・施工段階）
・様々な提言や意見との整合を図るため、工事と並行してモニタリング調査を行う。
・事業の性質上、事業主体が別組織に移った場合、それまでの会議体で検討されてきた内容について公正・中立の立場でモニタリングしていくための会議体を新たに設置する。

2　まちづくりに生かす

公共事業を進めるにあたっては、ある特定の事業だけではなく、地域全体、あるいはその周辺地域を含めた範囲に対して、どのようなメリット（コベネフィット）があるのかも、本来は視野に入れるべきである。

例えば、四日市市には市の総合計画がある。四日市市にとっての霞4号幹線やその地区の位置づけがある。その中に、霞4号幹線事業が反映されていなければならない。そうでなければまさにコンテナを運ぶだけの道になる。そういう意味では、四日市市からある程度予算が出ても不自然ではない。それが地域住民の便益になるのであれば、当然のことだろう。近隣の旧東海道の町並みも残り、歴史や文化を取り込んだまちづくりにも繋げられないか。そういう街の側から見て、四日市港や霞4号幹線をうまく位置付けていくことも重要なポイントなのである。

まちづくりの中に、国の公共事業をいかに取り込んでいくか、それができれば、地域における公共事業の価値も高まるのではないだろうか。

3　行政組織間の連携

今後の公共事業においては、社会的なシステムや行政の仕組み、そのものの工夫も少し必要である。

自治体側、都市側から言えば、霞４号幹線整備のような道路整備を契機にして、沿線の市街地をもう少し整備し、まちづくりとうまくリンクできるようにするとよいだろう。例えば、木造住宅密集地域の解消や土地利用の適正化は、地元住民の住環境の保全や向上に対する思い、景観に対する思いを目に見える形で成果にしやすくなる。ただ、現時点ではそこまで計画の仕組みが成熟していない。

都市計画区域と港湾区域の違いや国、県、市町、管理組合など行政体の違いや立場を超えた連携をすべきである。

4　地域にプラスになる公共事業にするために

公共事業の計画にあたっては、それぞれに主な目的があり、国民へのメリットも示され、一方的に実施されることが多い。例えば、この道路は何の目的のためにつくるのか、といったとき、一般的に道路は経済目的のものが多く、それ以外の人は結果として利用者から排除されていた（そのようなつもりはなくても、結果としてそうなっていた）。しかし、せっかくインフラをつくるのであればそれを他にも使えるようにする。道路が邪魔だと思っている人にどれだけプラスを提供できるかという概念が必要である。ただ、本来の目的は時代によって変わってくる。

例えば、コベネフィット※17の期待できるような事業であれば、採択の順位を上げて予算を３割とか５割増すという仕組みを制度化しても良いのではないだろうか。そういう制度があれば、省庁や局など行政機関がもっと一緒

※17　コベネフィット：１つの活動が複数の効果をもたらすこと。環境省が「コベネフィット・アプローチ」として、地球の気候変動対策を行い、それが開発途上国の持続可能な開発に資する取り組みを促進する手法として提唱した。

になってやるだろうし、国民も得をするだろう。

また、公共事業は、対象となる地域の自然を改変してしまうことが多い。その土地は永年にわたり環境の変化があっても、困難なことがあってもそれに耐え、乗り越え、今に至っている。そうした土地の改変にあたっては、あらゆる科学・技術を駆使することは勿論のこと、その地でくらしをつむいできた人々の思いを活かし、時には計画の一部を変更するなど、可能な限り地域住民の理解・納得する形で工事（事業）を進めることが大切であり、また、それが近道である。

公共事業実施のメリットは、主目的の達成のためだけでなく、より多くの人々に数多くの付加価値をつけ、それらのコベネフィットを享受してもらうことにつながることを念頭に、立案・計画・実施されるべきである。つまり、公共事業は、検討と議論のプロセスを経て、「マイナスをプラスに転じた」と感じ、地域全体のメリットだと思ってもらえるような事業でなければならない。

しかし、予算には厳しい制約があるので、すべての事業を対象にすることはできない。限られた予算の中で優先順位を付ければ、設計の中にうまく取り込めるものもあるだろう。そのためには、あらかじめたくさんの意見を得ておくことが必要である。

そうなるためには、霞４号幹線事業で継続してきた調査検討委員会や懇談会のような場を設け、十分な検討や議論、課題の共有、そして何よりも地域住民を含めたステークホルダーから信頼を得ることが重要である。

5　大気汚染・騒音などへの配慮

大気汚染、騒音などの対策についても話し合いは行われた。それらを軽減する対策も講じられた。そうした中で、いつ何が起こるかもわからない、計測機器による大気質や水質などの物理化学的指標の観測・監視は勿論のことであるが、その影響が心配される対象は、人を含む生き物である。

生き物に対する影響は、生き物（生物指標）で測るのが科学的に見て、最も正しいやり方である。そのことにも配慮する対策が講じられた意義は大きい。

6　生物への配慮

植生の遷移は、ひとときとして止まることなく進行している。それに伴い、他の生物種の変遷もみられることから、計画時の環境調査から着工まで期間がある場合には、着工直前に、改めて植生調査等を実施し、現況を把握することが大切である。霞４号幹線においても、例えば、当初の環境調査では見られなかった塩沼地性の重要種であるウラギクやハママツナの生育を確認し、適切な保全措置が講じられたことが良い例である。

また、四日市港は外来種侵入の玄関口でもある。現在の植物相をみても帰化率（外来植物の割合）は極めて高い。そうした環境下にある地域での土地の改変工事では、外来種の定着しやすい環境を造成することにもなり、現存の生態系にとっても脅威の存在となる。海浜や塩生植生を存続させるためには、現存の外来種の把握に努め、その結果を踏まえて「外来生物法」[※18]にもとづいた駆除対策が検討されている。保全対策を行った植物が安定した生育を続けていることを見届けるまで、モニタリングを続けていくことが重要である。

※18　外来生物法：正式名称は「特定外来生物による生態系等に係る被害の防止に関する法律」（平成十六年六月二日法律第七十八号、最終改正：平成二六年六月一三日法律第六九号）。特定外来生物による生態系、人の生命・身体、農林水産業への被害を防止し、生物の多様性の確保、人の生命・身体の保護、農林水産業の健全な発展に寄与することを通じて、国民生活の安定向上に資することを目的とした法律である。このため、問題を引き起こす海外起源の外来生物を特定外来生物として指定し、その飼養、栽培、保管、運搬、輸入といった取扱いを規制し、特定外来生物の防除等を行うこととしている。なお、特定外来生物とは、外来生物（海外起源の外来種）であって、生態系、人の生命・身体、農林水産業へ被害を及ぼすもの、又は及ぼすおそれがあるものの中から指定され、生きているものに限られるが、個体だけではなく、卵、種子、器官なども含まれる。現在（2015年10月１日）、哺乳類25種類、鳥類５種類、爬虫類６種類、両生類11種類、魚類14種類、クモ・サソリ類７種類、甲殻類５種類、昆虫類９種類、軟体動物等５種類、植物13種類が特定外来生物に指定されている。
（詳しくは、環境省ホームページ、http://www.env.go.jp/nature/intro/index.html）

第8章

プロジェクトを振り返って

・**林　良嗣**（中部大学総合工学研究所教授）

霞４号幹線事業計画では、当時の日本ではほとんど採用されていない方法を用いて検討を進めました。

まず、コンサルタントを選定するためだけに委員会を設置し、これは、事業の特性に合ったコンサルタント会社を選ぶ上で、非常に重要だったと思います。従来の１）建設事業プロジェクト企画立案調査のみならず、２）大気汚染の激しかった国道23号線を通らずに、コンテナ貨物トラックが幹線道路（伊勢湾岸道路）まで移動できるバイパスとしての霞４号幹線の国道23号線沿道への大気汚染軽減の効果、および３）プロジェクトの及ぼす干潟の生物の生態環境への影響調査に対する知識と経験を持ったコンサルタントであることが要求されました。

また、四日市港管理組合に設置された調査検討委員会には多様なステークホルダーの代表者がメンバーとして入っており、ここが問題だという要点を整理して意見を述べる「意見交換会」（いわゆる公聴会）の開催は、何が対立軸になっているのかを浮き彫りにすることができ、有効でした。特に、「意見を封じない」というスタンスは、非常に重要なプロセスであったと思います。様々なステークホルダーがいることを大前提に、すべての意見を拾い上げ、整理することは、発言者も「無視されていない」と思えるようになるからです。信頼関係を得るためにも、調査検討委員会として、このような姿勢を示すことは非常に重要であったし、そこはしっかりとやれたのではないかと感じています。

この霞４号幹線事業で培われたプロセスが良い事例か、悪い事例かは、自分たちでは判断できません。トライアル・アンド・エラーの繰り返しではあったけれども、１つのプロトタイプとして整理し、「公共事業を進めていく方法には、こういう事例もある」と広く紹介することが、霞４号幹線事業の計画段階から関わった私たちの責務ではないかと感じています。

・有賀　隆（早稲田大学大学院創造理工学研究科建築学専攻教授）

四日市の都市計画の歴史には、もともと漁村集落だった湾岸地域に海軍省の燃料工廠（ねんりょうこうしょう）※19がおかれ、その後、産業の集積化が進んできたプロセスと、併行して内陸部の丘陵地エリアには将校住宅などが配置されて人口が増加してきた市街化のプロセスが共存しており、当時から港湾エリアと内陸の住宅地エリアが離れた位置で市街地全体を形成してきた特徴的な歴史があります。なので、当時は海軍や中央政府が来て都市計画はこうだよと、それを地元として経済発展のために受け止め、活用してきたのだと思います。それが大きく転換したのが、多分、公害問題でしょう。そこから、自分たちで地域の生活環境をどうやって守っていけばいいのかと、大きく転換してきたと思います。そういう意味で、霞4号幹線事業をきっかけに、地域住民社会時代の都市計画の取り組みとしてもう一段階変われる機会だと思います。霞４号幹線事業を契機に、その沿線の市街地ももう少しちゃんとまちづくりをして、うまく呼応できるように頑張りましょうとなるといいと思います。四日市市が全体として変わっていけるターニングポイントになると思います。そのためには、地域住民や行政の意識改革に

※19　燃料工廠（ねんりょうこうしょう）：石炭採掘や石油精製を担当する艦政本部所管の軍需工場（工廠）のこと。

加えて、まちづくりの検討や提案に関わる社会的な協議システム、行政の仕組みそのものを少し工夫することも必要だと思います。

幹線道路のような大きな公共工事というのは、地元の地権者と環境団体がステークホルダーで、一般の地域住民はあんまり関係ない、となりがちです。しかし、それを契機として地域住民のまちづくりを本当に進めていけるようなものを、四日市側も都市計画の次世代戦略として立てられればよかったのではないか、とも感じています。

・葛山博次（元　三重県環境影響評価委員）

環境アセスメント調査から工事が開始されるまでの期間に、新たな生物が確認される、ということは多々あります。それは、植生遷移は止まることなく進行し、それに伴って生物相も変化するからです。１回の調査では全容を解明することは難しいですが、通常、事業主体は当初計画した予算の中で、１回の環境アセスメントが終わると、再び調査をすることはしません。ところが、霞４号幹線の場合、調査を継続したことがよかったのです。その結果、他の地域で前例のない事実（ハマボウフウが、夏に一度枯れて、秋に再度展葉する）が判明し、その特性に対応した保全対策を実施することができました。それに、環境アセスメントの結果は、膨大な資料として整理されています。その資料は今後、各地で参考にしていただきたいと思います。

また、「なるべく従前のものに近い状況でこの高松の干潟を残していきたい。すべてとはいかないけれども、努力はしたい」という姿勢が事業主体に見られ、いわゆる絶滅危惧種以外の種についても保全対策（海浜植生を復元し、それを維持して管理していく）を講じています。このような姿勢が事業主体に無ければ、環境アセスメントを行う必要はないのではないかと思います。

今後も、このモニタリング調査を供用開始後の10年ぐらいは続けて欲しいと思います。そして、その結果として残る植物の貴重な資料を、今後に伝えて欲しいのです。その中には、大気汚染の影響については計器による測定は勿論のこと、汚染物質やそれらの相乗作用がおよぼす生物への影響については、生物指標によるモニタリングも必要であり、そうした方法も取り入れられたと思っています。

また、地域住民が理解・納得するかたちで霞4号幹線事業が進められたのは、調査検討委員会、それが閉じられた後に設置された懇談会のメンバーの公共事業に対する強い信念があったからだと思います。事業主体、そして地域住民を含むステークホルダーをもとり込んだ、公共事業の本来あるべき姿ではないかと思っています。

・関口秀夫（三重大学大学院生物資源学研究科名誉教授）

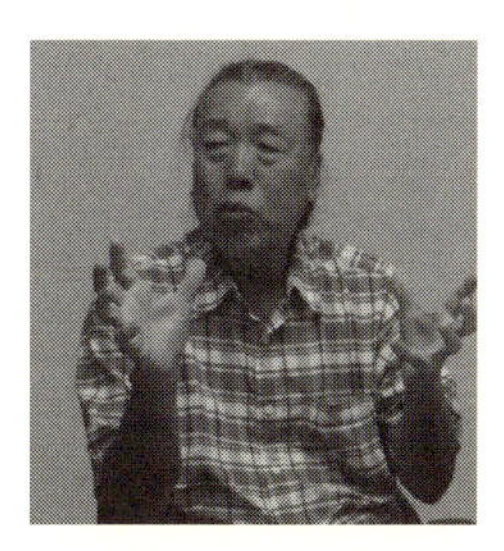

当初の調査検討委員会があり、その後、懇談会につながってきています。10年ぐらい前だったら、こういうスタイルはあり得なかったでしょう。やはり、時代の背景として、こういう議論が求められているところがあったのだと思います。だから、調査検討委員会が３年間で終わっても、その後、工事期間中、年に1回でも懇談会で議論をしていくという流れの意義と必然性は、時代にマッチしていると感じています。委員会の規模や委員として携わった個々の先生の苦労もあるが、調査検討委員会の進め方が一番大きく評価できると感じています。

また、調査検討委員会を始めたときに、この霞4号幹線がなぜ必要なのか、という議論をしたことも評価できると思います。特に、霞4号幹線の必要性の背景にある、「コンテナの増強をなぜしなくちゃいけないのか」という議論はずいぶんしたと思います。コンテナに関する予測が過大だというステークホルダーの意見に対して、丁寧に回答してきました。この議論が、後の干潟の問題につながっていくのです。従来と同じようなやり方をしていれば、はじめから事業ありきで、後は環境への影響をできるだけ小さくしようという議論だけになってしまっていたと思います。これを考えても、霞4号幹線がなぜ必要なのかという議論は、非常に重要であったと思います。もっとも、「ゼロ案」を検討する権限・資格やそれを検討する専門能力が「調査検討委員会」にはないとして、その検討に反対した委員もいましたが。

・林　顯效（鈴鹿医療科学大学名誉教授）

私がこの調査検討委員会の委員として関与したのは、道路交通騒音とか、騒音環境の立場からです。しかし、専門分野だけでなく、霞４号幹線の工事が進む中で、東日本大震災といった大規模災害が起きました。住民が緊急時に避難できるような利用方法はないのか、ということも申し上げました。その一部が実現されていることに、大いに期待しています。

霞４号幹線事業は、計画段階の検討で終わらず、その時節時節に応じて、臨機応変にいろいろな利活用の方法について検討してきました。この姿勢はかなり良いことではないかなと思います。以前であれば、「一度つくったら、終わり」で、決して妥協しなかったのではないでしょうか。委員の意見や考えを受け入れてもらえたのは、公共事業を進める上での１つの進歩ではないかと思います。

調査検討委員会、その後の懇談会、いずれも「意見を封じない」という方針でこれまでやってきました。反対意見を含む様々なステークホルダーの声に、しっかりと答えてきたことが、他の事業では見られないユニークな仕組みであり、特徴ではなかったかと思います。このスタンスは非常に重要なポイントでした。そして、このような仕組みで検討できたことが、この霞４号幹線にとって、１つの大きなメリットだったと言えるのではないでしょうか。

・山田健太郎（名古屋大学名誉教授）

計画段階から橋の設計に携わるということは、大学でやっている者にとっては非常に貴重な経験ということで、調査検討委員会の委員を引き受けた経

緯があります。大体それまではいろいろな設計案ができてから、何か問題ありませんかというような形の問い合わせの委員会が多いです。しかし、何もない状態から議論をするというのは非常に貴重な経験であって、私なりに一生懸命やってきました。

デザインというのは、最初のスタートのときにきっちりやらないと、後で手直し（修景）をするというのはとても大変なのです。

現在は、1年ごとに懇談会が行われているというので、それを聞いて、非常にいいことだと感じました。この調査検討委員会で完結したのではなくて、事業実施及び実施中も含めてずっとフォローしているというのは、他に事例がなく、貴重だと思います。

今後の利用を考えるにあたっては、将来の管理体制みたいなものも含めて、議論を進めて欲しいと思います。

そういう意味では継続性のあるやり方をされたということに、個人的には非常に敬意を表しています。

第9章

資料編

1　四日市港臨港道路「霞4号幹線」整備事業の経緯

（平成4（1992）年8月～平成28（2016）年1月）

年　月	できごと
平成4（1992）年 8月	港湾計画改訂（四日市港港湾管理者） 港湾と背後地との円滑な交通を確保するとともに、港内の交通利便性の強化を図るため「臨港道路霞4号幹線」を新規に計画
平成10（1998）年 5月	四日市港港湾審議会
7月	港湾計画改訂（ルート変更）（四日市港港湾管理者）
7月13日	港湾審議会第166回計画部会 自然環境に十分配慮するようにとの意見
平成12（2000）年 11月11日	環境調査開始（干潟部全域）
11月13日	「臨港道路霞4号幹線調査検討委員会」（以後、調査検討委員会）設置 地域の状況を十分に把握しかつ道路計画や自然環境に精通した有識者等の指導・助言を目的に設立
	第1回　調査検討委員会 ・委員会の設立主旨や部会の役割などの検討 ・委員会や部会のスケジュールや主な検討内容
	第1回　環境調査部会 ・現地で行う環境調査の内容、位置、方法等の検討
	第1回　道路計画、構造・デザイン合同部会 ・道路の計画やその構造・デザインに関する調査検討の内容と進め方 ・道路計画で複数のルートを検討する場合の範囲 ・第2回部会で議論するテーマ
	第1回　評価システム部会 ・評価システム部会が検討するべき内容 ・住民への説明、意見収集、その反映方法についての留意事項 ・他の部会との情報交換の方法

年　月	できごと
12月22日	第２回　構造・デザイン部会 ・検討内容及び作業の流れ ・検討条件の整理（地域の概要把握及び臨港道路の性格付け） ・予定とその周辺の景観特性の整理（ゾーニング、視点場の抽出、景観特性の把握）
	第２回　評価システム部会 ・第１回部会の意見とその反映方法 ・情報の公表方法とその内容の検討 ・意見収集の方法とその内容の検討
平成13（2001）年 2月22日	第２回　道路計画部会 ・概略ルートの提示 ・交通需要推計の手法と途中経過
2月26日～3月10日	第１回　アンケート調査
3月15日	第２回　環境調査部会 ・秋冬の環境調査結果報告
3月5日～3月30日	自由意見の収集
4月13日	第３回　評価システム部会 ・アンケート調査結果報告 ・自由意見の集計結果報告 ・委員会の運営について
6月18日	第４回　評価システム部会 ・臨港道路の必要性 ・ルート評価の全体手順 ・候補ルートの検討 ・パブリックヒアリングの実施方法 ・その他（今後の委員会スケジュールについて、アンケート調査結果のホームページ掲載について）
9月3日	第５回　評価システム部会（パブリックヒアリング実施） ・パブリックヒアリング１回目（地元の意見収集：自治会、工業団地、企業団地代表による意見表明） ・ホームページによる意見募集の実施について
9月8日	第３回　環境調査部会 ・環境現況調査のとりまとめ及び予測・評価手法について
9月10日～9月28日	ホームページ意見募集
9月12日	第６回　評価システム部会（パブリックヒアリング実施） ・パブリックヒアリング２回目（地元の意見収集：意見表明団体の代表による意見表明） ・ホームページによる意見募集の実施について（再）
9月26日	第７回　評価システム部会 ・パブリックヒアリングの結果と他部会への報告内容 ・リーフレット（vol.2）の内容及び配布方法の報告 ・ルート選定手順の確認 ・道路ガイドプランの骨子 ・その他地元の意見収集
10月12日	環境調査終了（干潟部全域）
10月17日	第８回　評価システム部会 ・道路ガイドプランの検討（２）

年　月	できごと
10月22日～11月20日	ホームページ意見募集
10月31日	第9回　評価システム部会 ・道路ガイドプランの検討（3）
11月28日～12月10日	第2回　アンケート調査
12月11日	第3回　道路計画、構造・デザイン合同部会 ・収集意見の披露 ・最適ルート選定に至るみちすじの報告 ・道路ガイドプランの説明 ・交通量予測結果検討 ・候補ルートの選定 ・デザイン方針、デザインコンセプトの設定
	第10回　評価システム部会 ・道路ガイドプランの検討（4） ・最適ルート選定に至るみちすじの確認
12月17日	第2回　調査検討委員会 ・各部会の活動報告 ・最適ルート選定に至るみちすじの確認 ・交通量推計の概要説明 ・環境調査結果の報告 ・収集意見の披露 ・道路ガイドプラン（中間案）の説明 ・候補ルートの選定 ・デザイン方針の説明、委員会の設立主旨や部会の役割などの検討
平成14（2002）年 1月23日	第4回　道路計画部会 ・委員会、部会での意見確認 ・候補ルートの継続検討
1月25日	第4回　構造・デザイン部会 ・フィールドスタディ ・デザインブレイクダウン（ゾーン別・ルート別の重点コンセプト） ・ルート別構造形式の組み合わせ ・道路計画への提言事項
1月30日	第4回　環境調査部会 ・候補ルート決定経緯の説明 ・環境現況調査結果のまとめと環境影響予測について
2月1日	第11回　評価システム部会 ・道路ガイドプランの検討（5） ・総合評価手法の検討（1）[手法の検討] ・意見交換会の運営方法の検討（1） ・企業経営者向けアンケート調査の結果報告
3月13日	第12回　評価システム部会 ・総合評価手法の検討（2） ・意見交換会の運営方法の検討（2） ・候補ルートの公表について
7月24日	第5回　道路計画、構造・デザイン合同部会 ・交通量推計（再確認） ・道路計画概要、道路設計 ・ルート別道路タイプの分類 ・橋梁計画基本方針

年　月	できごと
8月1日～8月15日	第3回　アンケート調査
9月4日	第6回　構造・デザイン部会 ・代表視点におけるデザイン案 ・デザイン案の組み合わせ ・霞4号幹線のイメージ色
9月6日	第13回　評価システム部会 ・「評価項目の重み付け」アンケート調査の結果の報告 ・意見交換会の運営方法の検討（3） ・総合評価検証の進め方
9月12日	議会請願 天力須賀連合自治会、天力須賀新町企業団地運営協議会→四日市港管理組合議会議長
9月14日	第5回　環境調査部会 ・これまでの経緯について ・比較ルートについて ・霞4号幹線供用後の環境影響予測評価について
9月29日	第1回　意見交換会
10月5日	第2回　意見交換会
10月11日	四港管議会 地元の心配を払拭することが重要との認識のもと「霞4号幹線調査検討委員会」の指導や助言に沿ってルート選定等の調査をオープンに進めている。その後も、港湾計画（平成15.12.・全線4km途中接続なし）との関連を含め、接続の適否等について、相手方との話し合いを継続している。
10月16日	第6回　環境調査部会 ・第5回部会指摘事項について ・霞4号幹線工事中の影響予測評価について
10月28日	第3回　調査検討委員会 ・各部会報告 ・総合評価・検証の進め方 ・総合評価の作業説明
12月11日	拡大代表者会議
平成15（2003）年 2月10日	第4回　調査検討委員会 ・霞4号幹線整備の必要性の確認 ・ルートの選定作業
3月5日	第5回　調査検討委員会 ・提言書記載内容の検討
	提言（最適ルート（3ルート）の提言） （調査検討委員会→四日市港港湾管理者）
5月～6月	提言内容（3ルート）説明 （四港管→川越町3地区、川越町1企業団体）
8月	建設計画反対・中止要望書 （川越町3地区→川越町長）
10月3日	建設計画・3ルート反対要望書 （川越町長→港湾管理者（四日市市長））

年　月	できごと
10月	計画ルート選定（四日市港管理組合）
10月～11月	計画ルート説明 （四日市港管理組合→四日市市・川越町４地区、同２企業団体）
12月16日	四日市港港湾審議会 港湾計画変更答申（四日市港港湾審議会→港湾管理者） 港湾計画変更概要公表 （港湾管理者） 港湾計画変更 （港湾管理者）
平成16（2004）年 4月1日	 国直轄事業実施命令 （国土交通省）
8月（～平成17年（2005）3月）	国直轄事業・地元説明（路線測量時）
12月（～平成17年（2005）5月）	現地測量実施
平成17（2005）年 1月31日	 建設計画撤回要望 高松干潟を守ろう会、川越町の自然と環境を思う会→国土交通大臣
2月21日	地元要望書 （南福崎区長→所長）
3月15日	地元要望書 （上吉区長→所長）
2月～3月	富双水路内の土質調査（ボーリング調査）を実施
4月	現地測量結果を踏まえて、道路の設計を開始
6月～（平成18年（2006）1月）	底質調査、底生生物調査、鳥類調査、水質調査 （高松海岸部、朝明川河口部）
平成18（2006）年 1月	国土交通省（港湾局）として、本件臨港道路は以下のとおり必要であり「計画に基づいて事業を進める」旨を書面で回答した。
1月31日	第1回　景観・環境ワーキング ・調査概要説明 ・構造設計における景観的配慮事項、細部デザイン、橋梁色彩計画について
2月25日	国直轄事業・地元説明（工事着工時） 工事着工説明会。四日市市を含む関係全地域を対象に実施。
3月	川越町議会の要請により、直轄工事の状況について説明。
6月～（平成19（2007）年1月）	底質調査、底生生物調査、鳥類調査、水質調査 （高松海岸部、朝明川河口部）
7月24日	第2回　景観・環境ワーキング ・構造細部形状、橋梁色彩計画、橋梁付属物デザインについて ・今後の検討方針
10月6日	建設ルート変更要望（要望書） 特定非営利活動法人朝明川ルネッサンス→国土交通大臣ほか 朝明川以南の国道23号線に接続するなど建設ルートの変更。

年　月	できごと
12月4日	第1回　平成18（2006）年度霞4号幹線事業実施に伴う懇談会 ・提言後の状況 ・提言・ガイドプランの内容と対応の状況 ・地元の状況と対応 ・工事実施状況
平成19（2007）年 6月18日	第1回　四日市港臨港道路霞4号幹線のリダンダンシー確保に係る検討会 ・霞4号幹線の事業経緯等の概要 ・今後の検討方針の確認
6月～（平成20（2008）年1月）	底質調査、底生生物調査、鳥類調査、水質調査 （高松海岸部、朝明川河口部）
7月23日	第2回　四日市港臨港道路霞4号幹線のリダンダンシー確保に係る検討会 ・緊急輸送路ルートの検討 ・交通量推計に係る基本条件の確認及び現況再現結果について
10月10日	第3回　四日市港臨港道路霞4号幹線のリダンダンシー確保に係る検討会 ・交通量推計、周辺道路への影響検討 ・環境負荷等の課題抽出、整理
11月30日	第2回　平成19（2007）年度霞4号幹線事業実施に伴う懇談会 ・工事の進捗状況 ・昨年度の懇談会で提示された課題に対する対応について ・提言や付帯意見等への事業者の対応で未検討及び検討中事項に対する対応について ・四日市港臨港道路霞4号幹線のリダンダンシー確保に係る検討会の審議結果の報告 ・橋梁本体色の評価について ・その他事項及び地元の状況と対応について
平成20（2008）年 2月25日	第4回　四日市港臨港道路霞4号幹線のリダンダンシー確保に係る検討会 ・検討のとりまとめ ・緊急輸送路の実現に向けた課題の整理
6月～（平成21（2009）年1月）	底質調査、底生生物調査、鳥類調査、水質調査 （高松海岸部、朝明川河口部）
12月19日	第3回　平成20（2008）年度霞4号幹線事業実施に伴う懇談会 ・工事の進捗状況について ・H20年度懇談会の課題対応について ・提言、付帯意見等に対する対応状況について ・地元等との協議状況について ・四日市港臨港道路霞4号幹線―道路設計の一部修正について― ・四日市港臨港道路霞4号幹線―橋梁本体色の決定について―
平成21（2009）年 5月～（平成22年（2010）2月）	臨港道路霞4号幹線調査検討委員会時の環境影響評価に対し、道路修正設計による評価の補正を実施 ・大気、騒音、振動、日照阻害、陸生生物（植物及び重要な種（動物及び植物）

年　月	できごと
5月～（平成22（2010）年1月）	底質調査、底生生物調査、鳥類調査、水質調査 （高松海岸部、朝明川河口部）
8月10日～11月6日	深浅測量、汀線測量、試掘調査
12月1日	第4回　平成21（2009）年度霞4号幹線事業実施に伴う懇談会 ・工事の進捗状況について ・H20年度懇談会の課題対応について ・提言・付帯意見に対する対応状況について ・地元等との協議状況について ・四日市港臨港道路霞4号幹線―道路設計の一部修正について―
平成22（2010）年 6月15日	第5回　平成22（2010）年度（1）霞4号幹線事業実施に伴う懇談会 ・これまでの経緯について ・懇談会規約 ・前回の指摘事項について ・前回の指摘事項について（生活環境、陸生生物） ・工事の状況等について ・道路設計の一部修正の考え方について ・関係者ヒアリング(一部省略) ・平成21（2009）年度四日市港臨港道路霞4号幹線事業実施に伴う懇談会議事概要 ・四日市港臨港道路霞4号幹線の意義について ・臨港道路霞4号幹線計画について（提言）及び道路ガイドプラン ・四日市港港湾計画(改訂)に係る環境保全上の措置について ・欠席された委員からの意見について
6月～（平成23（2011）年1月）	底質調査、底生生物調査、鳥類調査、水質調査
9月7日	平成22（2010）年度第2回中部地方整備局事業評価監視委員会 ・事業継続が了承
10月	植生・植物相調査 （高松海岸部）
12月	植物への保全対策検討 （高松海岸部）
平成23（2011）年 2月1日	国土交通省本省 「四日市港霞ヶ浦北ふ頭地区国際海上コンテナターミナル整備事業」『継続』とする対応方針の決定・公表
2月16日	四日市港港湾審議会 ・霞4号幹線の道路法線の一部修正を含む港湾計画の変更について「原案のとおり適当と認める」と答申
2月18日	第6回　平成22（2010）年度（2）霞4号幹線事業実施に伴う懇談会 ・前回懇談会(H22.6.15)以降の経緯および今後の予定、前回指摘事項への対応について ・環境影響評価（生活環境）について ・四日市港臨港道路霞4号幹線―工事の状況等について― ・高松海岸部における植物保全対策について ・川越緑地公園部(5-2工区)着手に向けた検討＜公園施設再配置計画(案)について＞ ・川越緑地公園部（5-2工区）着手に向けた検討＜景観検討について＞

年　月	できごと
	・「四日市港霞ヶ浦北ふ頭地区国際海上コンテナターミナル整備事業」の事業評価結果について ・四日市港臨港道路霞4号幹線─これまでの経緯について─
4月14日	交通政策審議会第41回港湾分科会 ・霞4号幹線の道路法線の一部修正を含む港湾計画の変更について「原案のとおり適当と認める」と答申
4月28日	港湾管理者より港湾計画変更の公示 ・「四日市港港湾計画書─改訂─（平成23（2011）年4月、四日市港港湾管理者四日市港管理組合）」
6月～（平成24（2012）年1月）	底質調査、底生生物調査、鳥類調査、水質調査 （高松海岸部、朝明川河口部）
9月～10月	植生・植物相調査 （高松海岸部）
11月～（平成24（2012）年3月）	植物試験移植 （高松海岸部）
平成24（2012）年 2月6日	第7回　平成23（2011）年度霞4号幹線事業実施に伴う懇談会 ・前回懇談会（H23.2）以降の経緯および今後の予定、前回指摘事項への対応について ・四日市港臨港道路霞4号幹線─工事の状況等について─ ・朝明川河口部における環境調査について ・朝明川河口部（右岸部）における試験移植について ・朝明川河口部（左岸部）における植物保全対策について ・霞4号幹線の緊急時避難場所としての活用について ・四日市港臨港道路霞4号幹線─これまでの経緯について─
4月～9月	移植植物の移植後のモニタリング調査 （高松海岸部、朝明川河口部）
4月～（平成25（2013）年3月）	植物試験移植 （高松海岸部、朝明川河口部）
6月～（平成25（2013）年1月）	底質調査、底生生物調査、鳥類調査、水質調査 （高松海岸部、朝明川河口部）
平成25（2013）年 3月13日	第8回　平成24（2012）年度霞4号幹線事業実施に伴う懇談会 ・前回指摘事項への対応について ・四日市港臨港道路霞4号幹線─工事の状況等について─ ・高松海岸堤防部における復旧構造 ・朝明川河口部周辺における保全対策の検討 ・霞4号幹線における災害アセスメント ・霞4号幹線を活用した緊急避難施設の検討 ・四日市港臨港道路霞4号幹線─これまでの経緯について─
4月～5月	植生・植物相調査 （高松海岸部、朝明川河口部）
6月～（平成26（2014）年1月）	底質調査、底生生物調査、鳥類調査、水質調査 （高松海岸部、朝明川河口部）
11月～（平成26（2014）年2月）	植物保全対策の実施（移植作業） （高松海岸部） ・ハマボウフウ（592個体） ・ナガミノオニシバ（702㎡）

年　月	できごと
	・ハマオモト(13個体) ・ニラ(1個体) ・シラン(50個体) ・コウボウムギ(1,660㎡) ・コウボウシバ(68㎡) ・ハマゴウ(156㎡) ・ケカモノハシ(1,296㎡)
12月20日	第9回　平成25（2013）年度霞4号幹線事業実施に伴う懇談会 ・前回の指摘事項への対応について ・工事の状況等について ・朝明川河口部周辺における保全対策の検討（試験移植の状況報告） ・高松海岸部における保全対策について
平成26（2014）年 4月～5月	植生・植物相調査 （高松海岸部、朝明川河口部）
4月～12月	移植植物の移植後のモニタリング調査 （高松海岸部）
7月	三重県希少野生動植物指定種調査 （朝明川河口部）
8月～11月	植物保全対策の実施（移植作業） （朝明川河口部） ・ハママツナ(345㎡) ・ウラギク(136個体) ・ナガミノオニシバ(2.6㎡) ・シオクグ(134㎡)
10月	三重県希少野生動植物指定種調査の保全対策の実施（移植作業） （朝明川河口部）
平成27（2015）年 3月9日	第10回　平成26（2014）年度霞4号幹線事業実施に伴う懇談会 ・これまでの取り組みについて ・工事の状況等について ・朝明川河口干潟における環境調査について ・高松海岸部および朝明川河口部における保全対策の実施状況について
4月～5月	植生・植物相調査 （高松海岸部、朝明川河口部）
4月～12月	移植植物の移植後のモニタリング調査 （高松海岸部、朝明川河口部）
6月～（平成28（2016）年1月）	底質調査、底生生物調査、鳥類調査、水質調査 （高松海岸部、朝明川河口部）
7月	三重県希少野生動植物指定種調査等調査 （朝明川河口部）
10月	三重県希少野生動植物指定種調査等の保全対策の実施（移植作業） （朝明川河口部）
平成28（2016）年 1月21日	第11回　平成27（2015）年度霞4号幹線事業実施に伴う懇談会 ・これまでの取り組みについて ・工事の状況等について ・高松海岸部の利用・保全に関する検討について ・高松海岸部および朝明川河口部における保全対策の実施状況について

2　霞4号幹線関連公開資料

（霞4号幹線について）

・海老原俊広・白井博己・佐藤清（2010）四日市港臨港道路（霞4号幹線）における景観検討.沿岸技術研究センター論文集（10）69-72.

・角河嘉一・山田伸次（2005）道路事業におけるPI（市民参画）の事例紹介.こうえいフォーラム（13）65-69.

・川部直毅（2015）高松海岸周辺工事に伴う環境保全対策について.平成27（2015）年度中部地方整備局管内事業研究発表会.

・桑原武志（2008）四日市港と四日市港管理組合.大阪経大論集. 58（6）79-89.

・高野寛之（2006）四日市港臨港道路（霞4号幹線）の技術的課題について.平成18（2006）年度名古屋技調報告.

・槌田波留基（2016）[現場発見]「カニの引っ越し」から始まった海辺の現場：四日市港霞ヶ浦北ふ頭地区道路（霞4号幹線）橋梁（P27-29）下部工事.ACE6（10）, 38-43

・長瀬和則（2011）四日市港臨港道路（霞4号幹線）の整備について～地域の成長・発展と環境の共存を目指して～.マリーン・プロフェッショナル海技協会報 2011.10（101）9-13.

・森田優己（2008）四日市港の物流と地域港湾政策の課題――臨港道路霞4号幹線建設の「必要性」の検討を通して.立命館経営学47（4）53-65.

・四日市港管理者（2003）四日市港港湾計画書—軽易な変更—（平成15年12月）.

・臨港道路霞4号幹線調査検討委員会（2003）臨港道路霞4号幹線調査検討作業報告書.

（高松海岸および朝明川河口部の環境について）

・橐原淳・葛山博次・関根洋子・永翁智雄・山口孝昭（2014）海浜性植物ハマボウフウの保全対策技術—四日市港臨港道路（霞4号幹線）事業に伴う環境保全技術事例—.応用生態工学会　第18回東京大会.

・谷口真理・中村みつ子・岡由佳里・若林郁夫・水谷いずみ（2004）川越町高松海岸におけるアカウミガメの産卵.三重県の生きものだより.
・三重県（1977）四日市市及びその周辺地域の着生植物群落調査報告書（葛山博次）.
・三重県農林水産部みどり共生推進課（2015）三重県レッドデータブック2015～三重県の絶滅の恐れのある野生生物～.
・水谷いずみ（2015）湿地巡り：高松干潟（三重県）.ラムネットJニュースレター（20）3.

（高松海岸および朝明川河口部にかかわる各種計画）
・川越町（2008）川越町都市マスタープラン.
・三重県（2000）三重県海岸保全基本計画.
・三重県（2011）三重県海岸漂着物対策推進計画.
・三重県（2011）三重県広域緑地計画.
・三重県（2013）都市計画区域の整備、開発及び保全の方針計画書（四日市都市計画）.
・三重県（2016）二級河川朝明川水系河川整備計画.
・四日市港港湾管理者（2011）四日市港港湾計画書.
・四日市都市計画区域連絡協議会（川越町）（2012）四日市広域緑の基本計画.

（ホームページ）
・国土交通省中部地方整備局四日市港湾事務所
http://www.yokkaichi.pa.cbr.mlit.go.jp/1/16/index.html
・高松干潟を守ろう会
http://takamatuhigata-kawagoe.jimdo.com/
・四日市港管理組合
http://www.yokkaichi-port.or.jp/kasumi-r4/

3　海辺の生物保全対策ガイドライン

保全対策の経緯

海辺の生物は、時間の経過や環境の変化により、種類や生息状況が変化するため、平成 12(2000)年・平成 13(2001)年以降、継続的に現況を把握し、移植など必要な対策を検討してきました。

事業実施に伴う影響が予測された重要な生物に対し、既存資料等を参考に保全対策（移植方法）を検討し、対策を実施しました。移植方法に関する具体的な情報が得られなかった植物は、試験移植によって種の特性を把握し、移植の可否や最適な移植方法を検討し、対策を実施しました。

保全対策の流れ

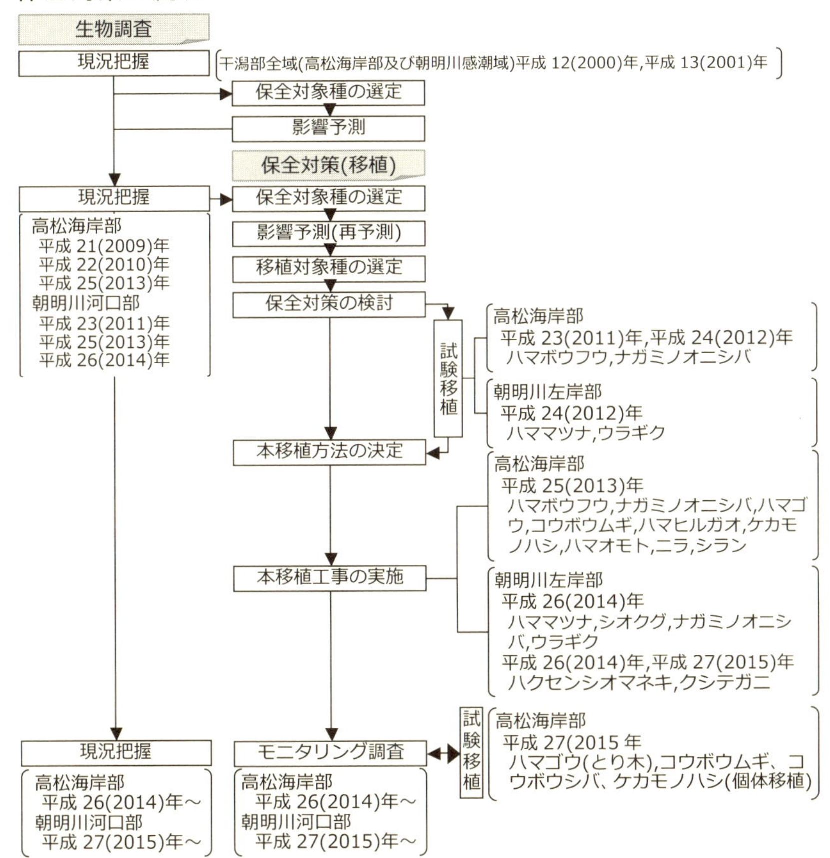

事業範囲で保全対策を実施した重要な海辺の生物

重要な生物等の選定基準

(重要種)

「環境省レッドリスト 2015」「三重県レッドデータブック 2015」「近畿版レッドデータブック 2001」掲載種

(重要な植生)

・『三重県レッドデータブック 2015 植物・キノコ』において、「希少野生動植物主要生息生育地(ホットスポットみえ)」に指定されている高松海岸の海浜植生を対象とする。
・北勢地域に残る貴重な塩沼地環境を特徴づけ、かつ脆弱な生態系を維持する上で重要な構成種である塩沼地性植物を対象とする。
・砂丘、断崖地、塩沼地、湖沼、河川、湿地、高山、石灰岩地等の特殊な立地に特有な植物群落または個体群で、その群落の特徴が典型的なものを対象とする(環境庁 1981,1989)。
・外来種や侵略的在来種の優占度が低い、自然性が高い植生を対象とする。

重要な生物等の確認状況

	種名	重要種選定基準			確認年度							
		環境省 2015	三重 2015	近畿 RDB	H12・H13	H21	H22	H23	H24	H25	H26	H27
植物	ハマボウフウ(セリ科)	-	-	C	●	●	●	●	●	●	●	●
	ナガミノオニシバ(イネ科)	-	NT	A	●	●	●	●	●	●	●	●
	ハママツナ(アカザ科)	-	NT	A	-	-	-	●	●	●	●	●
	ウラギク(キク科)	NT	VU	準	-	-	-	●	●	●	●	●
	シオクグ(カヤツリグサ科)	-	-	C	●	-	-	●	●	●	●	●
	ハマオモト(逸出種)(ヒガンバナ科)	-	NT	B	-	●	●	-	-	●	●	●
	ニラ(逸出種)(ユリ科)	-	-	A	-	-	●	-	-	●		
	シラン(逸出種)(ラン科)	NT	NT	C	-	-	●	-	-	●		
	ハマゴウ(クマツヅラ科)	高松海岸に成立する重要な海浜植生の構成種			●	●	●	●	●	●	●	●
	ハマヒルガオ(ヒルガオ科)				●	●	●	●	●	●	●	●
	コウボウムギ(カヤツリグサ科)				●	●	●	●	●	●	●	●
	コウボウシバ(カヤツリグサ科)				●	●	●	●	●	●	●	●
	ケカモノハシ(イネ科)				●	●	●	●	●	●	●	●
昆虫類	ナギサツルギアブ(ツルギアブ科)	-	VU		●	-	-	-	-	-	●	●
無脊椎動物	ハクセンシオマネキ(スナガニ科)	VU	EN		-	-	-	-	-	-	●	●
	クシテガニ(ベンケイガニ科)	-	NT		-	-	-	-	-	-	-	●

*種名は河川水辺の国勢調査のための生物リストに準ずる。種の並びは保全対策の掲載順。

【重要種選定基準】

・環境省 2015：「環境省レッドリスト 2015 の公表について」(環境省 2015 年)　別添資料４)レッドリスト(2015)【昆虫類】、別添資料４)レッドリスト(2015)【その他無脊椎動物】、別添資料４)レッドリスト(2015)【植物Ⅰ(維管束植物)】
・三重 2015：「三重県レッドデータブック 2015」(三重県 2015 年)
　基準)EX:絶滅、EW:野生絶滅、CR:絶滅危惧 IA 類、EN:絶滅危惧 IB 類、VU:絶滅危惧 II 類、NT:準絶滅危惧、DD:情報不足
・近畿 RDB：「改訂・近畿地方の保護上重要な植物-レッドデータブック近畿 2001」(レッドデータブック近畿研究会 2001 年)
　基準)A:絶滅危惧 A(近い将来における絶滅の危険性が極めて高い種類)、B:絶滅危惧 B(近い将来における絶滅の危険性が高い種類)、C:絶滅危惧 C(絶滅の危険性が高くなりつつある種類)、準:準絶滅危惧種(生育条件の変化によっては、「絶滅危惧種」に移行する要素をもつ種類)

保全対策を実施した海辺の生物の概要

〈植物〉

ハマボウフウ（セリ科）

平成 25（2013）年６月６日撮影

海岸の砂丘に生育する、多年生草本で、北海道から沖縄に分布します。6月から7月に直径10cm程度の白色の花を付け、7月から8月に結実します。

高松海岸においては、4月に展葉し7月から8月に落葉し、9月頃再び展葉し12月頃再度落葉する、2回休眠する個体があるという、既存の資料には無い情報を得ることができました。

ナガミノオニシバ（イネ科）

平成 25（2013）年４月 26 日撮影

干潟や海岸の砂礫地に生育する、多年生草本で、高さ10cmから20cm。5月から6月に花を付けます。

高松海岸では、砂浜に広くマット状に分布し、朝明川河口では満潮時に冠水する場所に点在して生育しています。高松海岸で調査した結果、根茎は深さ2cmから4cmに横走しています。

ハママツナ（アカザ科）

平成 25（2013）年７月 11 日撮影

干潟や海岸塩湿地に生育する、一年生草本で、本州（宮城県以西）から沖縄に分布します。8月に微小の花を付け、9月に結実し、結実後枯れます。草丈は20cmから50cmで、葉は多肉質です。

高松海岸では、凹地の池に、朝明川河口では、満潮時に冠水するワンドに広く分布しています。

ウラギク（キク科）

平成 25（2013）年 11 月 13 日撮影

干潟に生育する、二年生草本で、北海道東部・関東以西太平洋岸・四国・九州などの主に太平洋沿岸に分布します。4月に発芽し、翌年10月に淡紫色の花をつけ、11月に結実し、その後枯死します。

朝明川では、大潮の満潮時に冠水するワンド奥部に生育します。朝明川での調査では、発芽当年に開花・結実するという、既存資料には無い情報が得られました。

シオクグ（カヤツリグサ科）

平成 23（2011）年 8 月 22 日撮影

干潟に生育する、多年草で、北海道から沖縄に分布します。6月から7月に開花し、8月から10月に種子をつけ、草丈は30cmから60cmです。

朝明川河口部では、満潮時に冠水するワンドに生育しています。

ハマオモト（ヒガンバナ科）

平成 25（2013）年 4 月 26 日撮影

海岸の砂地に生育する、多年草で、本州(関東地方以西)から九州に分布します。7月から9月に白色で芳香のある花を多数付けます。種子は、直径2cmから3cmで、水に浮くので、海流で運ばれます。

三重県では、主な確認地域は南勢地域です。

ニラ（ユリ科）

平成25（2013）年8月30日撮影

野生の分布については、明確ではありませんが、広く栽培されており、特有の臭気があり、8月から9月に白い花を付けます。

本来の生育地は、海岸ではないため、"逸出"として扱い、堤内地(四日市港湾事務所)に移植しました。

シラン（ラン科）

平成25（2013）年5月20日撮影

渓流の岩場や日当たりのよい湿地に生育する、多年生草本で、本州から沖縄に分布します。草丈は30cmから70cmになり、4月から5月に紅紫色の花をつけます。観賞用として、広く栽培されています。

本来の生育地は、海岸ではないため、"逸出"として扱い、堤内地(四日市港湾事務所)に移植しました。

ハマゴウ（クマツヅラ科）

平成25（2013）年7月11日撮影

砂浜海岸の陸側に生育する、落葉小低木で本州から沖縄に分布します。茎は砂の上や中を長く横にはい、根を下ろします。7月から9月枝先に青紫色の花を付け、10月から12月に結実します。

高松海岸では、陸側に生育しています。朝明川河口部では、砂丘に点在しています。なお、高松海岸では、ハマゴウの葉の上にとまるナギサツルギアブを見ることができます。ハマゴウの保全は、ナギサツルギアブの保全につながります。

ハマヒルガオ（ヒルガオ科）

平成26（2014）年5月19日撮影

海岸や湖沼の砂地に生育する、多年生草本。北海道から九州に分布する。5月から6月に淡紅色の花を開花、7月から8月に結実する。地下茎が、地中に長く伸び、地上茎は横にはい、草丈は20cm程度になります。

高松海岸では、花が一面に広がる様子が、初夏に観察できます。

コウボウムギ（カヤツリグサ科）

平成25（2013）年4月26日撮影

砂浜海岸に生育する、多年生草本で、北海道西南部から九州に分布します。4月から5月に開花、6月から8月に結実します。根茎は、砂中を広がり茎や葉を出し、草丈は20cm程度です。

高松海岸では、広い範囲に生育しています。

コウボウシバ（カヤツリグサ科）

平成26（2014）年5月20日撮影

砂浜海岸に生育する、多年生草本で、北海道から九州に分布します。3月から4月に開花、5月から6月に結実し、草丈は20cm程度です。

高松海岸で調査した結果、根茎は深さ8cmから9cmのあたりに横走していました。高松海岸では、広い範囲に生育しています。

ケカモノハシ（イネ科）

平成25（2013）年7月11日撮影

砂浜海岸に生育する、多年生草本で、北海道西南部から九州に分布します。6月から7月に開花、8月から9月に結実します。草丈は50cm程度で、株状になります。

高松海岸では、点在して分布しています。

〈昆虫類〉

ナギサツルギアブ（ツルギアブ科）

平成26（2014）年6月24日撮影

自然度の高い河口や河岸の砂地に限って生息し、河口近くの砂浜海岸ではハマゴウ群落周辺に見ることができます。北海道、本州（山形県，神奈川県，新潟県、愛知県，三重県，奈良県，京都府，兵庫県）に分布し、三重県内では川越町高松海岸と津市一志町雲出川河川敷で記録されています。成虫は5月から9月に出現します。

高松海岸では、ハマゴウ群落やその周辺で確認されています。

〈無脊椎動物〉

ハクセンシオマネキ（スナガニ科）

上：雄
右：雌
平成27（2015）年7月30日撮影

雄は、はさみ脚の大小が左右で異なることで知られています。波の穏やかな内湾あるいは河口干潟を主な生息地としています。本種が生息するには、干潮時の水はけが良いこと、底質が砂泥質であることなどの条件が整っている必要があります。

朝明川河口部では、砂泥質の干潟に生息しており、100個体を超える集団を見ることができます。県条例の三重県指定希少野生動植物種に指定されているため、捕獲するには県への届出が必要です。

クシテガニ（ベンケイガニ科）

平成27（2015）年7月31日撮影

はさみ脚の指部が濃赤褐色で、可動指上縁に6個から8個の顆粒のあることが特徴です。房総半島から九州にかけて分布し、三重県内では川越町および津市河芸町から松阪市の河口付近の土手やヨシ原湿地上部に生息しています。

朝明川河口部では、転石地やヨシ原の堆積物の下で多数の個体が生息しています。

海辺の生物保全対策

〈植物〉

■ハマボウフウ

●移植方法

移植に関する事例が少ないことから、試験移植を行い移植方法の検討を行いました。試験移植の結果、ハマボウフウの根は、深さ20cmで切断しても移植が可能なことがわかりました。種子の発芽率は低いですが、種子移植も可能なことがわかりました。移植の時期は、11月頃が良好です。

移植手法…植物体移植、種子移植
掘り取り範囲・深度…掘り取り深度は20cm以上。可能な限り根に土砂を付着させて掘り取る。
移植時期…植物体移植：11月～12月（葉が落葉する頃）
種子移植は、種子採取直後～11月（種子採取時期7月から8月）

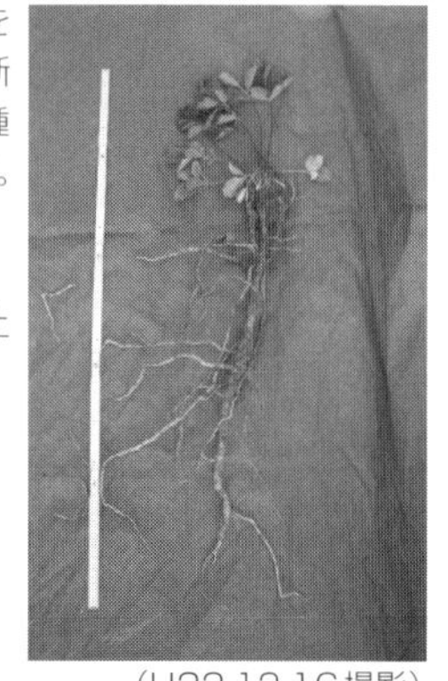

（H22.12.16撮影）

●移植作業

平成25（2013）年12月に、高松海岸部において工事の影響を受ける592個体、採取した種子344gの移植を行いました。

・深さ20cm程度で個体を掘り取りました。

（H25.12.25撮影）

・植え戻した移植個体の周りに土を十分に詰めました。

（H25.12.25撮影）

・ハマボウフウ種子　344g
採取時期8月～9月

（H25.9.20撮影）

移植元

掘り取り時に、根の余分な損傷を軽減するため、事前にマーキングした移植対象個体の周囲(直径20cm 程度)を、スコップ等によって根切りを行う。

移植元

スコップ等を用いて、根に可能な限り土砂を付着させたまま個体を掘り取る。掘り取り深度は20cm 程度以上とする。

移植元から**移植先**へ

移植先(植え戻し場所)までの運搬は、掘り出した個体の乾燥を防ぐため、シート等で覆うなどの措置を施し、バケツやコンテナ等で運搬する。

移植先

移植先(植え戻し場所) に掘り出した個体が入る大きさの植穴を掘削し、移植個体を植え戻す。移植個体の周囲に、十分に土壌を間詰めし(移植先で土壌が足らない場合は、移植元より運搬する)、根が乾燥しないように留意する。植え戻し後の管理として、施肥や灌水は行わない。

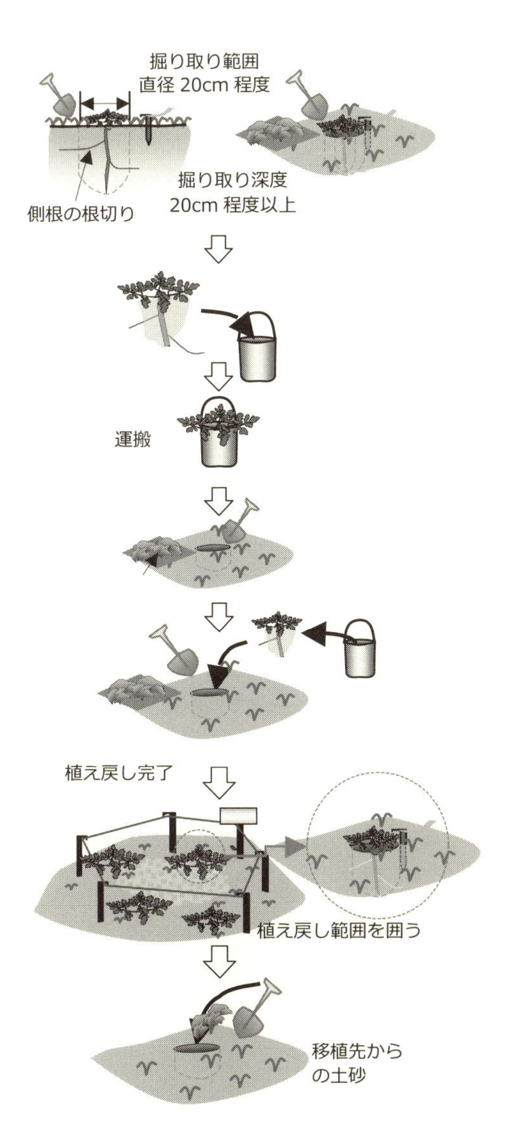

■ナガミノオニシバ

●移植方法

移植に関する事例が少ないことから、試験移植を行い移植方法の検討を行いました。試験移植の結果、ナガミノオニシバの根は、深さ2cmから4cmの間に横走しており、深さ10cmで掘り取り移植できることがわかりました。

移植手法…植物体移植
掘り取り範囲・深度…掘り取り深度は10cm。30cm×30cmのブロック状に掘り取る。
移植時期…植物体移植：10月～1月

●移植作業

平成26（2014）年1月に、高松海岸部の工事の影響を受ける702m^{2}の移植を行いました。
平成27（2015）年10月に、朝明川河口部の工事の影響を受ける2.6m^{2}の移植を行いました。

・ブロック状に根系を切断する。

（H26.1.23撮影）

⇨

・ブロック状に掘り取りコンテナに移し運搬する。

（H26.1.23撮影）

⇨

・植え戻し穴に、移植ブロックを植え戻す。

（H26.1.23撮影）

移植元

移植対象個体の周囲（30cm×30cm 程度の範囲を目安にする）を、根掘りやスコップ等によって根切を行う。

スコップ等を用いて、根に可能な限り土砂を付着させたまま個体を掘り取る。掘り取り深度は10cm 程度以上とする。

運　搬

移植先(植え戻し場所)までの運搬は、掘り出した個体の乾燥を防ぐため、シート等で覆うなどの措置を施し、バケツやコンテナ等で運搬する。

移植先

移植先(植え戻し場所) に掘り出した個体が入る大きさの植穴を掘削し、移植個体を植え戻す。移植個体の周囲に、十分に土壌を間詰めし(移植先で土壌が足らない場合は、移植元より運搬する)、根が乾燥しないように留意する。植え戻し後の管理として、施肥や灌水は行わない。

移植元

移植先で掘り出した土砂を用いて、移植元(掘り取り場所)を埋め戻し、原状復帰をする。その他ゴミ等を回収し、作業完了となる。

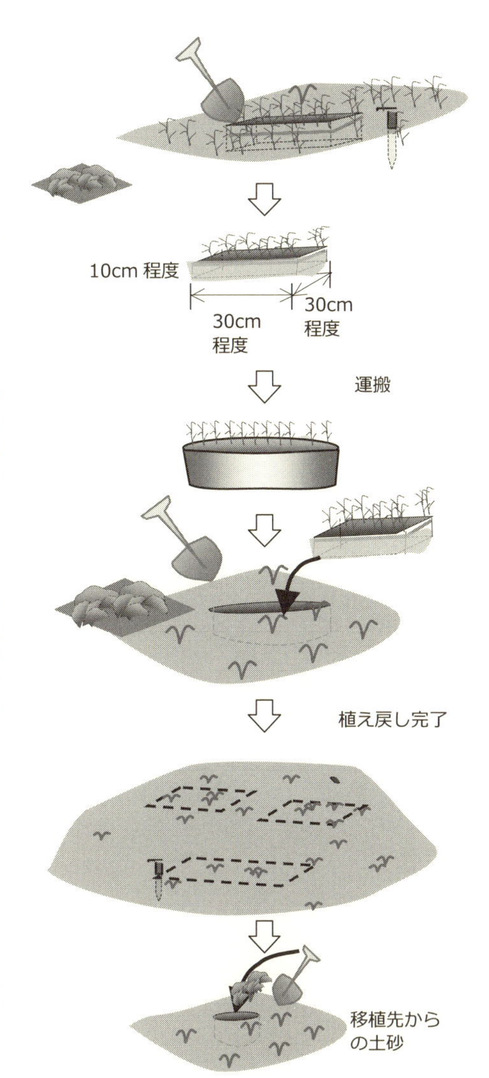

■ハママツナ

●移植方法

移植に関する事例が少ないことから、試験移植を行い移植方法の検討を行いました。試験移植の結果、ハママツナの根は20cm程度の長さで、移植時には根に土が付いていなくても移植できることがわかりました。移植時期は、発芽直後の4月、開花結実期の8月、いずれも可能であることがわかりました。

資料整理の結果、表土を移植することで、表土の中にある種子を移植できることがわかりました。
移植手法…植物体移植、種子移植（表土移植）
掘り取り範囲・深度…植物体移植：20cm、種子移植（表土移植）：10cm
移植時期…植物体移植：4月から8月、種子移植（表土移植）9月から3月（工事の進捗で検討）

●移植作業

平成26（2014）年8月に、朝明川河口部の工事の影響を受ける46m²の個体移植を行いました。
平成26（2014）年10月に、朝明川河口部の工事の影響を受ける299m²の種子移植を行いました。

・個体の周囲をスコップで掘り取ります。

（H26.8.25撮影））

⇨

・深さ20cm程度で根を掘り出します。

（H26.8.25撮影）

⇨

・深さ10cm程度ですき取った表土を移植先に播き出しました。

（H26.10.20撮影）

移植元

移植対象個体の周囲(直径 20 ㎝程度)を、根掘りやスコップ等によって掘削する。

移植元

スコップ等を用いて、個体を掘り取る。このとき、根に土が付着していなくても構わない。ただし、根が乾燥したり、切断しないように留意する。

・掘り取った個体は、バケツやコンテナなどに入れる。

運　搬

移植先(植え戻し場所)までの運搬は、掘り出した個体の乾燥を防ぐため、シート等で覆うなどの措置を施し、バケツやコンテナ等で運搬する。

移植先

移植先(植え戻し場所) に掘り出した個体が入る大きさの植穴を掘削し、移植個体を植え戻す。移植個体の周囲に、十分に土壌を間詰めし(移植先で土壌が足らない場合は、移植元より運搬する)、根が乾燥しないように留意する。植え戻し後の管理として、施肥や灌水は行わない。

移植元

移植元(掘り取り場所)の原状復帰をする。その他ゴミ等を回収し、作業完了となる。

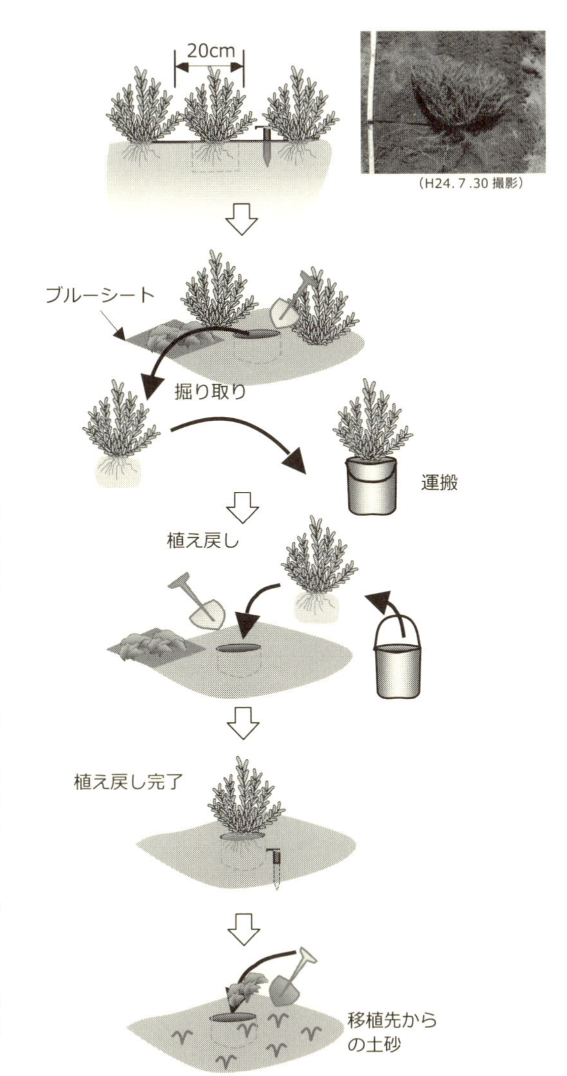

■ウラギク

●移植方法

移植に関する事例が少ないことから、試験移植を行い移植方法の検討を行いました。試験移植の結果、種子による移植が可能であることがわかりました。ウラギクの種子には、冠毛が付いていて風に飛ばされやすいので、播種する際には砂と混ぜて播くことが必要です。

移植手法…種子移植
移植時期…11月(結実した種子を採取後、すぐに播種する)

●移植作業

平成26（2014）年11月に、朝明川河口部のワンド奥部のウラギクを保全するために、開花した145個体から種子を採取し、種子移植を行いました。

・熟して冠毛が開いた種子を、採取します。

(H26.11.27撮影)

・採取した種子は、微細で風に飛びやすいので、砂を混ぜます。

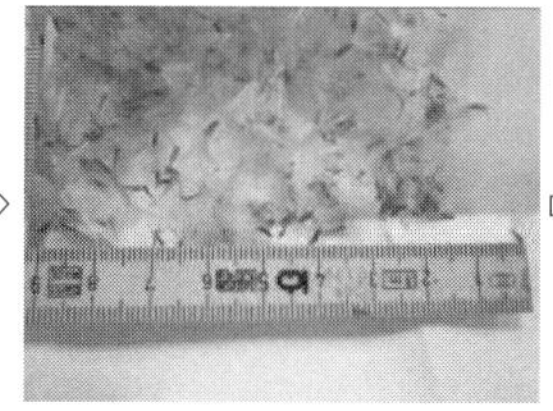

(H26.11.27撮影)

・砂ごと播種して、移植先の土壌と馴染ませます。

(H26.11.27撮影)

移　植
生育期に移植対象となる種子採取個体のマーキングを行う。

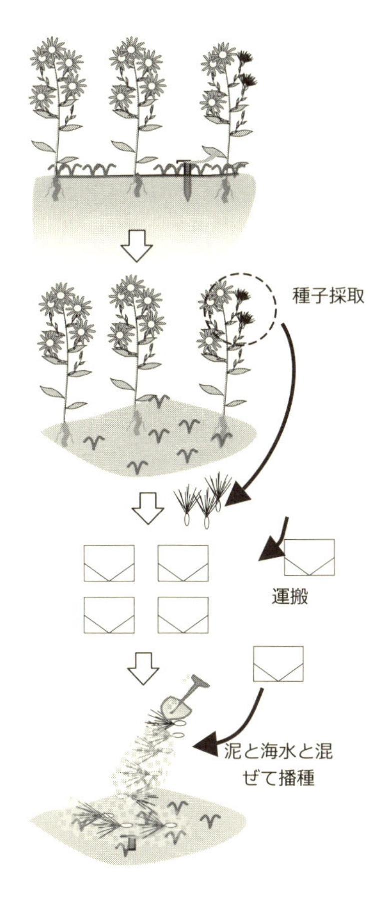

移　植
結実している種子を採取する。
・採取した種子は、紙袋に入れる。

移植元から**移植先**へ

移植先(植え戻し場所)までは、紙袋等に入れたまま運搬する。

移　植
採取した種子は、風で飛ばされないように同場所の泥と海水を混ぜてから、移植先(植え戻し場所)に播種する。

移　植
播き出した範囲がわかるよう、マーキングを行う。

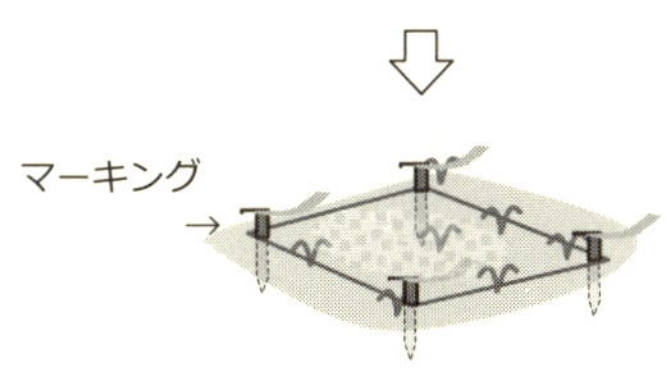

■シオクグ

●移植方法

資料整理を行った結果、植物体を掘り取って移植することが可能であるとわかりました。シオクグの根系は、横走しているので、切断しながら掘り取りを行う必要があります。

移植手法…植物体移植
掘り取り範囲・深度…深さ20cm程度
移植時期…10月

●移植作業

平成26（2014）年10月に、朝明川河口部で工事の影響を受ける196m²の移植を行いました。

・根茎を切断しながら掘り取る。

（H26.10.20撮影）

⇨

・移植個体を運搬する。

（H26.10.20撮影）

⇨

・移植個体を植え戻す。

（H26.10.20撮影）

移植元

移植対象個体の周囲
(30cm×30cm 程度の範囲を目安にする)を、スコップ等で根切りを行う。

掘り取り範囲
30 ㎝×30 ㎝程度

根切り範囲

掘り取り深度
15cm 程度以上

移植元

スコップ等で、根に可能な限り土砂を付着させたまま、個体を掘り取る。掘り取り深度は 15cm 程度とする。

掘り取り

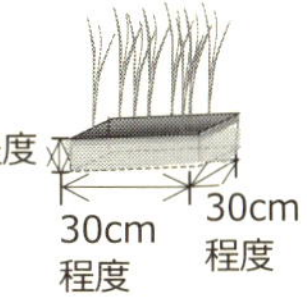

移植元から**移植先**へ

コンテナ
等で運搬

移植先

移植先(植え戻し場所)に掘り出した個体が入る大きさの植穴を掘削し、移植個体を植え戻す。移植個体の周囲に、十分に土壌を間詰めし、根が乾燥しないように留意する
埋め戻し後の管理として、施肥や灌水は行わない。

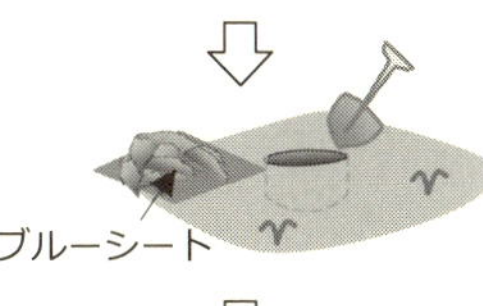

深さ 20cm 以
上の植え戻し
穴を掘削する

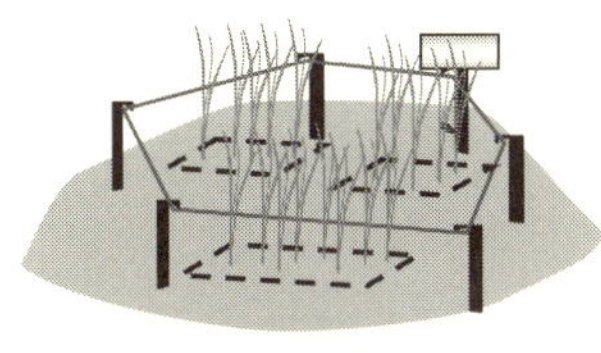

植え戻し完了

移植元

土砂を埋め戻し、原状復帰する。

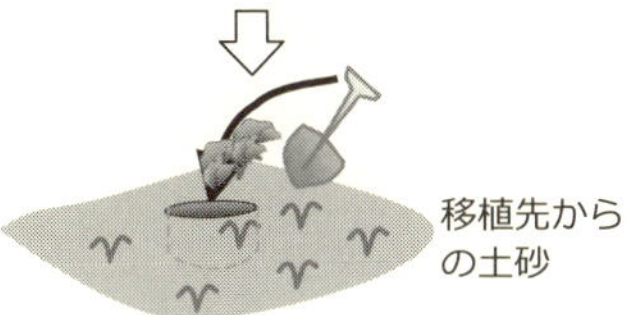

■ハマオモト

●移植方法

資料整理を行った結果、栽培も行われていることから、植物体を掘り取って移植することが可能であるとわかりました。ただし、根に知見が乏しかったことから、根の状況を見ながら掘り取ることにしました。

移植手法…植物体移植
掘り取り範囲・深度…根の様子を見ながら30cm程度
移植時期…10月～1月

●移植作業

平成25（2013）年12月に、高松海岸部の工事の影響を受ける、12個体を移植した。

・小さい個体は、深さ20cm程度で移植個体を掘り取りました。

（H25.12.25撮影）

・大きい個体は、根の状況を見ながら掘り取りました。

（H26.1.15撮影）

・根元に十分土を詰めて移植個体を植え戻しました。

（H25.12.25撮影）

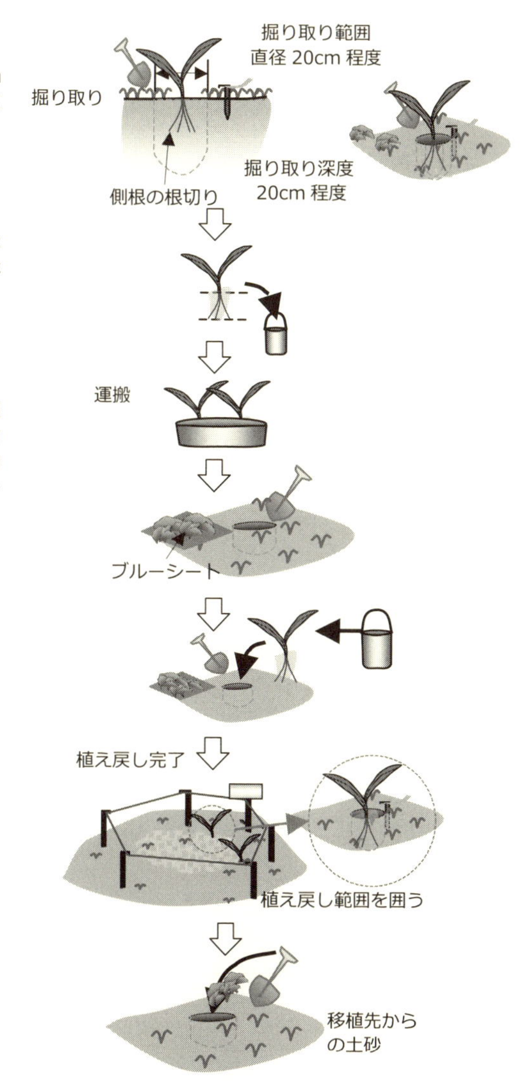

移植元
移植対象個体の周囲(直径 20 ㎝程度)を、根掘りやスコップ等によって根切りを行う。

移植元
スコップ等を用いて、根に可能な限り土砂を付着させたまま個体を掘り取る。

移植元から移植先へ
移植先(植え戻し場所)までの運搬は、掘り出した個体の乾燥を防ぐため、シート等で覆うなどの措置を施し、バケツやコンテナ等で運搬する。

移植先
移植先(植え戻し場所) に掘り出した個体が入る大きさの植穴を掘削し、移植個体を植え戻す。移植個体の周囲に、十分に土壌を間詰めし根が乾燥しないように留意する。
植え戻し後の管理として、施肥や灌水は行わない。

移植元
移植先で掘り出した土砂を用いて、移植元(掘り取り場所)を埋め戻し、原状復帰をする。

■ニラ

●移植方法

資料整理を行った結果、広く栽培が行われていることから、個体を掘り取って移植する方法で、容易に行えることがわかりました。

なお、ニラの本来の生育地は海岸では無いため、"逸出"として扱い、堤内地(四日市港湾事務所)に移植することで、保全対策を完了することとしました。

移植手法…植物体移植
掘り取り範囲・深度…20cm程度
移植時期…12月

●移植作業

・植物体の周囲を、深さ20cm程度で掘り取り、移植しました。

(H25.12.25撮影)

■シラン

●移植方法

資料整理を行った結果、広く栽培が行われていることから、個体を掘り取って移植する方法で、容易に行えることがわかりました。

なお、シランの本来の生育地は海岸では無いため、"逸出"として扱い、堤内地(四日市港湾事務所)に移植することで、保全対策を完了することとしました。

移植手法…植物体移植
掘り取り範囲・深度…20cm程度
移植時期…12月

●移植作業

・根の様子を見ながら、深さ20cm程度で掘り取り、移植しました。

(H25.12.25撮影)

移植元

根の余分な損傷を軽減するため、事前にマーキングした移植対象個体の周囲(直径 20 ㎝程度)を、根掘りやスコップ等によって根切りを行う。

移植元

スコップ等を用いて、根に可能な限り土砂を付着させたまま個体を掘り取る。掘り取り深度は 20cm 程度以上とする。

移植元から**移植先**へ

移植先(植え戻し場所)までの運搬は、掘り出した個体の乾燥を防ぐため、シート等で覆うなどの措置を施し、バケツやコンテナ等で運搬する。
または、コンテナ等に植え付ける。

移植先(堤内地)

移植先(植え戻し場所)までの運搬は、掘り出した個体の乾燥を防ぐため、シート等で覆うなどの措置を施し、バケツやコンテナ等で運搬する。
または、コンテナ等に植え付ける。

移植元

移植先で掘り出した土砂を用いて、移植元(掘り取り場所)を埋め戻し、原状復帰をする。

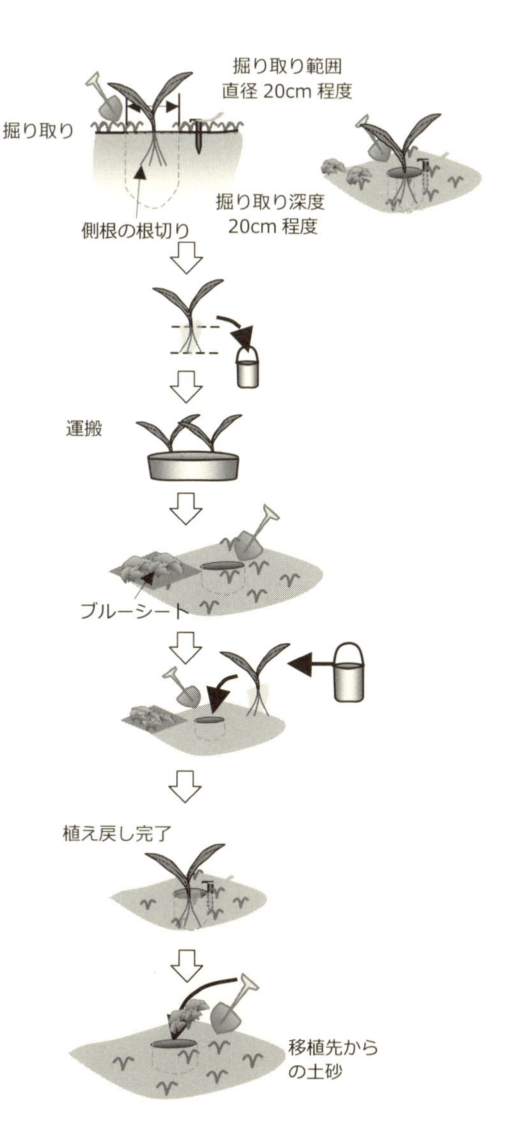

■ハマゴウ

●移植方法

海浜植生の復元は、種子移植を基本としました。資料整理の結果、種子移植が困難と考えられたハマゴウは、挿し木による個体移植を行うこととしました。

●移植作業

ハマゴウの個体移植は、平成26（2014）年1月に、高松海岸部の工事の影響を受ける、157本の挿し穂を採取して移植を行いました。

・ハマゴウの個体移植は、深さ20cm程度で掘り取りました

（H26.1.23撮影）

⇨

・地上部を50cm程度に切断しました。

（H26.1.23撮影）

⇨

・根元に十分土を詰めて移植個体を植え戻しました

（H26.1.23撮影）

移植元

(5月)
ほふく茎を確認し、発根の可能性がある箇所を、アンカーピンなどで固定し、埋設する。

移植元
(10月)
埋設箇所の発根の状況を確認し、発根箇所を中心に 30cm 程度で地下部を切断すると共に、根を掘り取る。

移植元から
移植先へ

移植先までは、バケツやコンテナ等で運搬する。

移植先

移植先(植え戻し場所)の裸地部に掘り出した個体が入る大きさの植穴を掘削し、移植個体を植え戻す。
移植株の根鉢に、移植元(掘り取り場所)の土壌を間詰めし、隙間をなくすよう留意する。

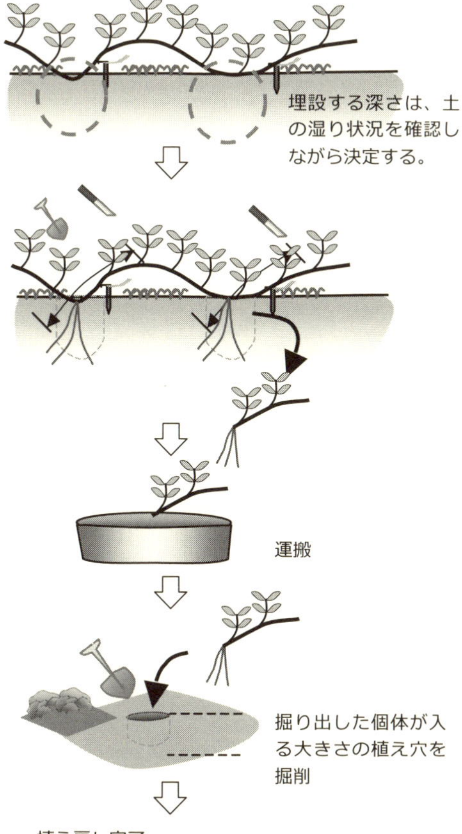

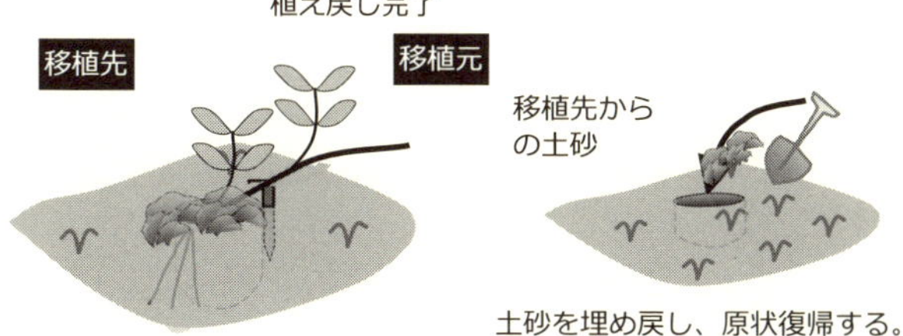

■海浜植生（ハマヒルガオ、コウボウムギ、コウボウシバ、ケカモノハシ）

●移植方法

海浜植生の復元は、種子移植を基本としました。資料整理の結果、種子移植が困難と考えられたハマゴウは、挿し木による個体移植を行うこととしました。

●移植作業

種子移植は、保全対象種ごとの採取適期に、高松海岸部の工事の影響を受ける範囲から、種子を採取しました。平成26（2014）年2月に、採取した種子を播種しました。

■ハマヒルガオ　60g
採取時期：6月

（(H25.9.20撮影）

■ケカモノハシ　451g
採取時期：7月～8月

（H25.9.20撮影）

・砂と種子を混合して播種しました

（H26.2.6撮影）

■コウボウムギ　1,089g
採取時期：7月～8月

（H25.9.20撮影）

■ハマゴウ　680g
採取時期：11月

（H26.1.15撮影）

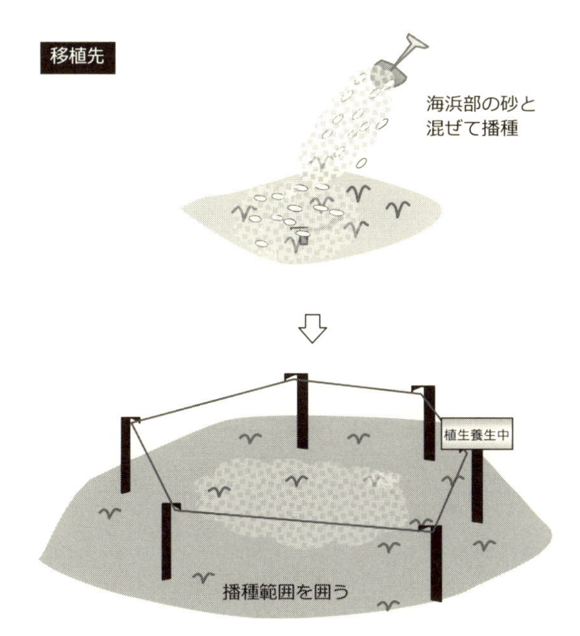
移植先
海浜部の砂と
混ぜて播種
植生養生中
播種範囲を囲う

〈無脊椎動物〉

■ハクセンシオマネキ

●移植方法

ハクセンシオマネキは、干潟に深さ20～30cm程度のＪ字型の巣穴を掘ります。また、巣穴周辺の表面の底質をはさみ脚ですくいとり、その中に含まれる微小生物や有機質を食物としています。このような特性から、「ハクセンシオマネキを掘り出す方法」と「巣穴の入り口をふさぎ、ハクセンシオマネキを捕獲する方法」により、個体を捕獲し、移植することにしました。また、移植翌年の繁殖が可能となるよう、雌雄のハクセンシオマネキを移植するように配慮しました。

移植手法… 「ハクセンシオマネキを掘り出す方法」
「巣穴の入り口をふさぎ、ハクセンシオマネキを捕獲する方法」
掘取深度… 巣穴の深さ20㎝から30㎝程度
移植時期… ハクセンシオマネキの生活史を踏まえ、雌の抱卵期間を過ぎた9月下旬から活動休止期前の10月末までの大潮期

●移植作業

朝明川河口部の工事の影響を受ける個体を、同じ河口部で工事の影響を受けない干潟に移植しました。
・平成26(2014)年10月：63個体(雄40個体、雌23個体)(計4日間、延べ42名で実施)
・平成27(2015)年10月：79個体(雄40個体、雌39個体)(計2日間、延べ21名で実施)

・深さ20cmから30㎝程度の穴を掘り、個体を掘り取りました。

(H26.10.8撮影)

・捕獲したハクセンシオマネキを移植先の砂泥質の干潟に運搬しました。

(H27.10.14撮影)

・捕獲個体を放流しました。

(H27.10.13撮影)

「巣穴の入り口をふさぎ、ハクセンシオマネキを捕獲する方法」

移植元

ハクセンシオマネキが採餌のため、巣穴から離れている時に、挿し棒で巣穴の入り口を閉じ、巣穴に入れないハクセンシオマネキを捕獲する。

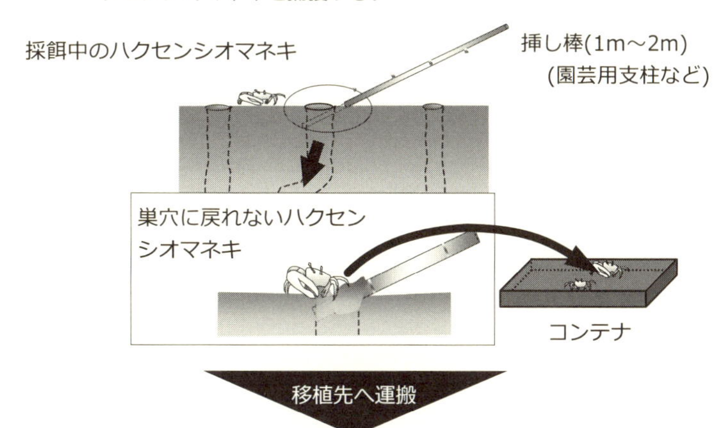

移植先へ運搬

移植先

直径 1cm 程度の棒で穴を開け、仮の巣穴を設置する。その後、捕獲したハクセンシオマネキを放流する。

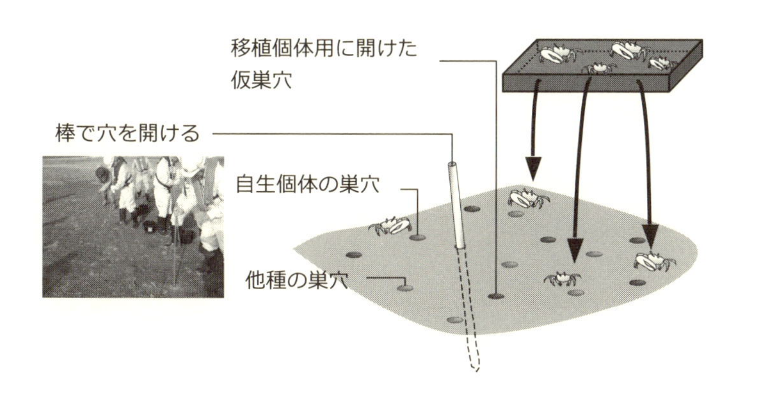

■クシテガニ

●移植方法

クシテガニは、転石地のすき間やヨシ原内の堆積物の下に生息し、内湾、河口、塩性湿地、高潮帯、泥底、塩性湿地の泥地に巣穴を掘り、周辺で活動します。また、クシテガニの生息場所の底質は泥質で、朝明川河口部に生息するコメツキガニ(砂底)、チゴガニ(砂泥底)、ハクセンシオマネキ(砂底)とは異なっています。また、クシテガニを対象とした具体的な保全事例がないため、朝明川河口部の分布状況を踏まえ、移植方法について検討しました。なお、移植翌年の繁殖が可能となるよう、雌雄のクシテガニを移植するように配慮しました。

移植手法… はさみ脚の可動指上縁にある6個から8個の顆粒が確認できた個体を捕獲し、移植先に放流

移植時期… クシテガニの生活史を踏まえ、冬眠準備期間中(9月末から11月中旬)に相当する10月末までの大潮期

●移植作業

朝明川河口部の工事の影響を受ける個体を、同じ河口部で工事の影響を受けないヨシ原に移植しました。
・平成27（2015）年10月：5個体（雄3個体、雌2個体）（計1日間、4名で実施）

・転石地やヨシ原などに生息する個体を捕獲しました。

（H27.10.14撮影）

・捕獲したクシテガニを移植先のヨシ原に運搬しました。

（H27.10.14撮影）

・捕獲個体を放流しました。

（H27.10.14撮影）

移植元

生息個体を確認したら、素早く捕獲し、はさみ脚の可動指上縁にある6個から8個の顆粒の有無を確認できたら、捕獲する。

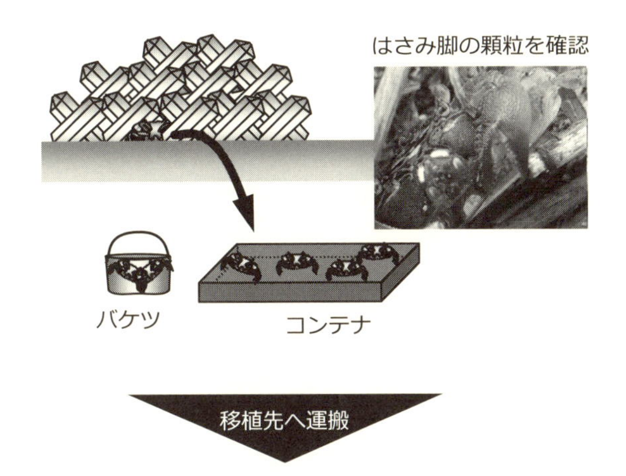

移植先へ運搬

移植先

ワンド内部のヨシ原の泥底で、堆積物(枯れたヨシの稈など)が豊富な場所に、隠れ場所となる流木等を配置した後、捕獲個体を放流する。

おわりに

私は、平成12（2000）年から長く継続されている本プロジェクトに、この間に何代も交代した調査担当の一つの民間コンサルタントとして、平成22（2010）年よりわずか6年間のみ携わってきた者である。このため、臨港道路霞4号幹線調査検討委員会が設置されていた3年間（平成12（2000）～平成15（2003）年）に起きたことは、いわば部外者として、蓄積された調査検討委員会や各専門部会、意見交換会等の議事録と膨大な関連資料を見返しながら、実施されてきた事実を書き留めて文章として編集した。

調査検討委員会が霞4号幹線の計画を検討していた時期は、国や地方公共団体の環境アセスメント制度にとって大きな転換期であった。国では、要綱「環境影響評価の実施について」（通称、閣議アセス）に基づいて実施されてきた環境アセスメントが、法制度化されて「環境影響評価法」として全面施行したのが平成11（1999）年6月であった。また、三重県では、計画段階から環境配慮について内部調整する「三重県環境調整システム推進要綱」（平成10（1998）年4月）の運用がスタートし、その後「三重県環境影響評価条例」が施行されたのが平成10（1999）年12月で、国よりも制度整備が早かった。環境アセスメントに関する制度の大きな変化に合わせて、事業地やその周辺住民の環境保全に対する関心はこれまで以上に高くなった時代であった。このような時代背景のなかで設置された調査検討委員会に求められたものは、単に霞4号幹線のルート計画を検討するだけでなく、いかに地域住民（多ステークホルダー）の理解を得るか、ということであった。

一般的に、環境アセスメントが果たす役割には、多ステークホルダーへの事業の立案・決定に関する事項の情報公開と説明責任であり、その計画の立案や策定の過程の透明性を高めることであると言われている。調査検討委員会が設置されたのは、環境アセスメントが法制度化された直後、未だ多ステークホルダーの参加する環境アセスメントが成熟していなかった時代であった。にもかかわらず、利害の異なる多ステークホルダーを巻き込みながら意見を執拗なまでに取り込んで、霞4号幹線の計画を検討し、合意形成に至る様々な取り組みは非常に興味深い。

霞４号幹線は平成29年度末の供用開始に向け、工事工程も最終段階に入りつつある。調査検討委員会を引き継いで開催されている懇談会では、傍聴をしていた建設に反対のNPO団体から、「高松海岸（干潟）の環境をしっかり保全して欲しい、という思いから、当初霞４号幹線の建設には反対をしていた。この意思表明が十分な環境保全の取り組みにつながり、結果として良い研究の成果を得ることができた。このことは、高松海岸（干潟）にとっても喜ばしいことだと思う。この成果を他の開発事業にも活用していって欲しい」との発言が出るに至った。多ステークホルダーとの合意形成を図るために、丁寧に、かつ隠さずに情報を公開し議論を重ねてきたことが、このような見方の変化につながったと感じる。本書にもあるように、調査検討委員会での取り組みには長所や短所があり、また時代の要求に合わせて取り組みの形を変えていく必要もあるだろう。しかし、この様々な取り組みが、地域に根差した公共事業を進める上で何らかの形で参考にされることを願いたい。

平成29年３月　　　　粟原　淳

【座談会出席者紹介】（五十音順、敬称略）

有賀　隆（ありが　たかし）

早稲田大学大学院創造理工学研究科建築学専攻教授、Ph.D.（都市・まちづくりデザイン）
専門分野：都市デザイン、市民協働まちづくり、住環境計画・設計など
経　　歴：早稲田大学大学院修士課程修了後、民間企業勤務を経てカリフォルニア大学バークレー校大学院環境デザイン学研究科Ph.D.課程修了。名古屋大学大学院助教授を経て、現職。

葛山　博次（かつらやま　ひろし）

元　三重県環境影響評価委員
三重県生物多様性保全アドバイザー
イヌナシ自生地保護活動委員会委員長
三重県北勢自然科学研究会会長
専門分野：自然環境（植物）
経　　歴：三重大学農学部卒。三重県内公立中・高等学校、三重県教育委員会勤務、三重県立四日市中央工業高校、三重県立四日市工業高校長を歴任、三重大学、松坂大学などの非常勤講師を経て、現職。

関口　秀夫（せきぐち　ひでお）

三重大学大学院生物資源学研究科名誉教授
専門分野：海洋生態学、生態・環境、水産学一般
経　　歴：東京大学大学院農学系研究科博士課程修了、農学博士。
三重大学生物資源学部教授、三重大学大学院生物資源学研究科教授を経て、現職。

林　顯效（はやし　あきのり）

鈴鹿医療科学大学名誉教授
元三重県環境影響評価委員
専門分野：音響工学、情報工学、環境科学、統計科学
経　　歴：名古屋工業大学工学部電気工学科卒、工学博士（名古屋大学）。
名古屋大学工学部助手、鈴鹿医療科学大学医用工学部教授を経て、現職。

山田　健太郎（やまだ　けんたろう）

名古屋大学名誉教授
名古屋産業科学研究所上席研究員
中日本ハイウェイ・エンジニアリング名古屋（株）顧問
専門分野：構造工学、橋梁工学、維持管理工学
経　　歴：名古屋大学大学院工学研究科修了（土木工学専攻）、米国メリーランド大学土木工学科博士課程修了、Ph.D.
名古屋大学工学部教授、名古屋大学大学院環境学研究科教授を経て、現職。

【著者紹介】

林　良嗣（はやし　よしつぐ）
中部大学総合工学研究所教授、ローマクラブ・フルメンバー、世界交通学会会長、日本環境共生学会会長
専門分野：国土デザイン、都市持続発展論
経　　歴：東京大学大学院土木工学専攻博士課程修了。東京大学講師、名古屋大学教授、同総長補佐、同環境学研究科長等を経て、現職。日本工学アカデミー理事、日本学術会議連携会員、土木学会副会長、運輸政策・国土・中央環境審議会の各種委員等を歴任。
主な編著書：『空港整備と環境づくり――ミュンヘン新空港の歩み』（林良嗣・田村亨・屋井鉄雄共著、鹿島出版会、1995年）、『地球環境と巨大都市』（武内和彦・林良嗣編著、岩波書店、1998年）、『都市交通と環境』（中村英夫・林良嗣・宮本和明編著、運輸政策機構、2004年）、『持続性学』（林良嗣・田渕六郎・岩松将一・森杉雅史編、明石書店、2010年）、『東日本大震災後の持続可能な社会――世界の識者が語る診断から治療まで』（林良嗣・安成哲三・神沢博・加藤博和編、明石書店、2013 年）、『レジリエンスと地域創生――伝統知とビッグデータから探る国土デザイン』（林良嗣・鈴木康弘編著、明石書店、2015年）など。

桒原　淳（くわばら　あつし）
株式会社環境アセスメントセンター　調査計画部植物調査課長
専門分野：自然環境、植物生態学、生物学一般
経　　歴：高知大学大学院理学研究科生物学専攻修士課程修了。平成７（1995）年４月に株式会社環境アセスメントセンターに入社し、現職。技術士（自然環境保全）、自然再生士、RCCM（建設環境）、生物分類技能検定2級（植物）、環境再生医（中級）
主な発表：三宅　尚・朝倉俊治・桑原　淳（2001）伊豆半島逆川湿地における完新世後期の植生変遷史. 高知大学理学部紀要（生物学）、22: 13-22. 桑原　淳・鵜飼一博（2013）南アルプス聖平におけるニホンジカ対策（２）聖平における植生変遷. 日本生態学会第60回全国大会,静岡. 桒原　淳・葛山博次・関根洋子・永翁智雄・山口孝昭（2014）海浜性植物ハマボウフウの保全対策技術――四日市港臨港道路（霞４号幹線）事業に伴う環境保全技術事例.応用生態工学会　第18回東京大会、東京。

道路建設とステークホルダー　合意形成の記録
――四日市港臨港道路霞４号幹線の事例より

2017 年 3 月 21 日　初版第 1 刷発行

著　者　林　良嗣
　　　　桒原　淳
発行者　石井昭男
発行所　株式会社 明石書店
〒101-0021 東京都千代田区外神田 6-9-5
電 話　03（5818）1171
FAX　03（5818）1174
振 替　00100-7-24505
http://www.akashi.co.jp

印刷・製本　日経印刷株式会社

（定価はカバーに表示してあります）
ISBN978-4-7503-4486-7

自然災害と復興支援

みんぱく
実践人類学
シリーズ9

林 勲男 編著

■A5判／並製／420頁 ◎7200円

2004年12月のスマトラ島沖地震で甚大な被害を受けたインドネシア、スリランカ、インド、タイの四カ国での現地調査をもとに、被災地の救援、復興、発展（開発）に求められるものは何かを、文化人類学、防災、都市計画、建築など多角的な見地から論ずる。

内容構成

新・福祉文化シリーズ4

災害と福祉文化

日本福祉文化学会編集委員会 編集代表 渡邊豊【編】

■四六判／並製／240頁 ◎2200円

災害発生から復旧、復興に至る過程の中で、被災者一人ひとりへの福祉・保健・医療面での対応は多岐にわたる。錯綜する情報の中で福祉文化が担うべき役割は何なのか。新潟、神戸の事例を中心に、災害時における福祉文化活動の考え方・取り組みを紹介する。

内容構成

〈価格は本体価格です〉